《绳索救援团队技术》
编委会

绳索救援团队技术

中国救援广东机动专业支队　李战凯　主编

化学工业出版社
·北京·

内容简介

本书从绳索队伍建设、队员管理、装备配置、救援技术、医疗急救和组织指挥等方面，系统介绍了作为从事专业绳索救援的消防人员和社会绳索作业人员，如何建设队伍、怎样管理队伍、怎样配备装备，并对团队救援技术的要点和流程进行了详细讲解。具体内容包括绳索技术历史背景、绳索救援队伍建设、绳索技术基础理论、绳索技术基础技能、个人绳索技术、团队绳索技术、指挥管理、医疗急救技术等。

本书可供从事消防救援的人员、高空作业公安特警，以及民间与高空、山岳绳索技术有关的从业、施工人员学习参考。

图书在版编目（CIP）数据

绳索救援团队技术/中国救援广东机动专业支队，李战凯主编. —北京：化学工业出版社，2022.1（2024.5重印）

ISBN 978-7-122-40250-9

Ⅰ.①绳… Ⅱ.①中…②李… Ⅲ.①绳索-应用-救援 Ⅳ.①X928.04

中国版本图书馆CIP数据核字（2021）第228555号

责任编辑：王　烨　陈　喆　　装帧设计：王晓宇
责任校对：王佳伟

出版发行：化学工业出版社（北京市东城区青年湖南街13号　邮政编码100011）
印　　装：北京天宇星印刷厂
710mm×1000mm　1/16　印张$11\frac{1}{2}$　字数195千字　2024年5月北京第1版第5次印刷

购书咨询：010-64518888　　售后服务：010-64518899
网　　址：http://www.cip.com.cn
凡购买本书，如有缺损质量问题，本社销售中心负责调换。

定　　价：88.00元

《绳索救援团队技术》

编 审 人 员 名 单

主　　编： 李战凯

副 主 编： 黄小东

编写人员： 李战凯　朱国营　黄小东　朱均煜　何书胜　曾智明　左　佳　蔡晓泽　熊　闯

审校人员： 吴承錩　徐明哲　赵　飞　胡旭东　朱　武　刘　荣

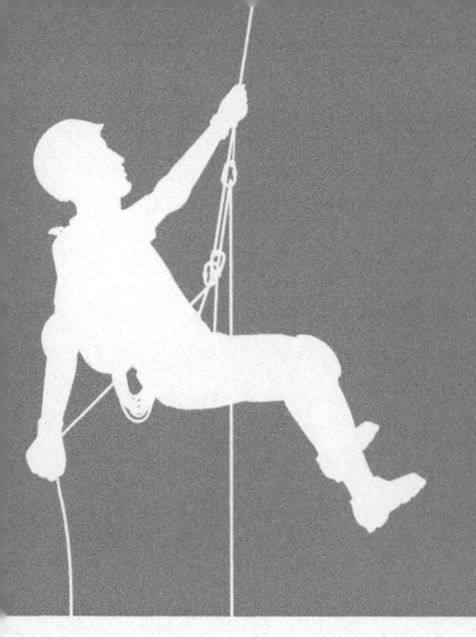

前言
PREFACE

我国是自然灾害多发的国家，也是自然灾害造成损失较为严重的国家之一。近年来，在国家经济飞速发展和人民群众生活水平日趋提升的同时，地震、台风、洪涝、泥石流、山体滑坡等自然灾害也时有发生，给人民群众的生命财产安全造成了较大的威胁。作为国家应急救援主力军的综合性消防救援队伍，承担着防范化解重大安全风险，应对各类灾害事故处置，救民于水火、助民于危难的重要职责。绳索救援技术作为专业性较强的应急救援专业技术之一，在各种类型的灾害事故处置和救援中，应用范围广泛、救援效率高效、发挥作用明显，是消防救援队伍参与应急处突、灭火救援、事故处置和群众遇险等灾害事故救援，高效开展抢险救灾和成功营救生命的一项不可缺少的系统性、专业性救援技术，更是每名消防救援人员必须熟练掌握和运用的基础性专业救援技术。因此，开展消防绳索救援技术研究具有十分重要的意义。

改革转隶后，消防救援队伍作为国家应急救援的核心力量和主力队伍，承担着保卫国家社会经济建设和保护人民群众生命财产安全的重要职能，面对“全灾种、大应急”和“专业化、职业化”的应急救援总要求，我们结合近年来绳索救援技术在各种类型灾害事故中实践应用的经验，在2018年出版的《绳索救援技术》基础上，再次编写了《绳索救援团队技术》，以期作为消防救援基层队伍系统性、针对性开展绳索救援技术学习训练的指导用书。本书以团队救援理念为前提，详细介绍了绳索技术的发展背景、绳索团队建设理念和思路、个人与团队技术理论、团队技术应用操作程序、个人PPE与公共装备配置、医疗急救处置技术等方面的内容，对绳索救援专业队伍建设与管理、队伍与队员分级、训练与考核评定、岗位与职能要求等方面提出了新的思路和建设理念。旨在给广大消防救援指战员学习、训练绳索救援专业技术，以及基层消防救援队伍建设绳索技术队伍和团队提供参考和指引，为消防救援队伍在绳索救援领域的专业化、职业化、体系化发展奠定坚实的基础。

本书第一章由李战凯编写，第二章由黄小东编写，第三章由朱均煜编写，第四章由左佳编写，第五章由曾智明编写，第六章由何书胜编写，第七章由朱国营编写，第八章由蔡晓泽、熊闯编写，全书由黄小东统稿。

本书在编写过程中，得到了广东省消防救援总队领导，机动支队全媒体工作中心和社会应急救援单位、个人的大力支持，在此一并表示衷心的感谢！

由于编者水平有限，编写时间仓促，书中难免存在疏漏和不当之处，敬请广大读者不吝指出，以便再版时修改完善。

本书仅作为绳索救援技术学习、训练和应用的辅助教材，书中所涉观点理念、装备配置和技术动作等仅供参考，并非唯一性，严禁用于无专业指导下的自学训练或救助行为！

编者

2021年6月

目录

CONTENTS

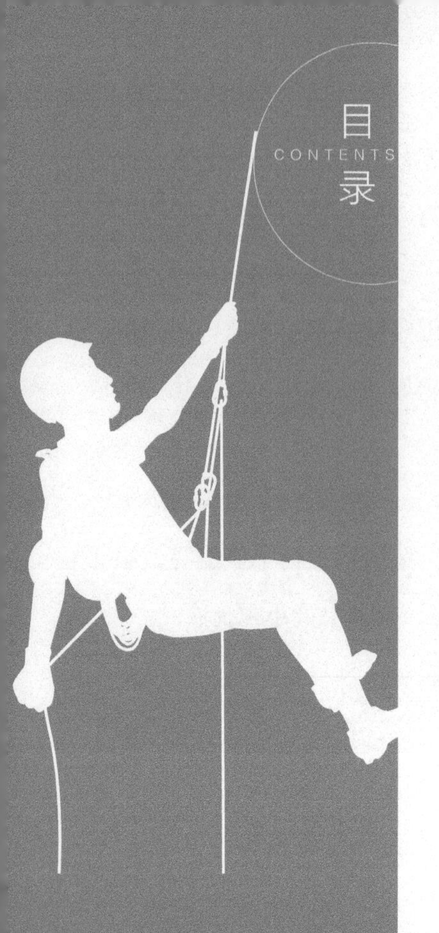

第一章

绳索技术历史背景

绳索技术是一项关于绳索具体运用的专业技术，是指以绳索为核心，通过与安全带、滑轮、主锁及其它辅助器材的组合和运用，作为高空作业、事故救援、峡谷探险、洞穴探索、空间限定等工作、救援和作业中，用于人员自身安全保护和作业操作的技术方法，包括上升、下降和水平横移等技术类型。绳索技术的操作程序极其严密、规范，技术环节多而复杂、操作要求严而细致、应用领域广而危险。在实际应用中，通常要根据具体环境，通过个人保护装备、绳索，以及各种辅助装备的不同组合运用，形成不同类型的绳索技术系统，用以在复杂、危险环境中，有效保障作业者自身的生命安全，同时高效开展专业救援和生命营救。

第一节　绳索技术发展历程

高空、峡谷、洞穴等垂直环境，以及岩壁上的探索活动等，都是人类比较向往探索的重要场所，如攀岩、攀山、攀登，以及洞穴探险与探索等。

1879年，一位名叫汉斯·杜尔弗（Hans Dülfersitz）的登山爱好者发明了一种非常经典的非机械绳索速降技术，使用者通过将绳子缠绕在身体上增加摩擦力的方式来控制下降速度，这种下降方式简称杜尔弗法。杜尔弗法多用于攀岩、攀登和登山活动，使用者能够通过控制绳子与身体产生的摩擦来减慢自己的下降速度。

早期的探洞者通常都是用软梯进入或撤出竖井，直到1968年法国人Fernand Petzl设计制作了处于垂直环境中的绳索上使用的器材工具。至此，单绳技术随之应运而生，洞穴探险运动从此飞速发展，进入了系统性绳索技术时代。单绳技术的发明和应用，加快了洞穴探险发展的步伐和历程，探险者们背着沉重的金属软梯、绳梯去探洞的时代从此一去不复返。单绳技术飞速发展的同时，直接催生了轻量化装备和系统性绳索技术的发展，而日趋轻量化的技术装备和系统性的绳索技术，也更加能使探洞作业过程越来越安全，作业效率越来越高，取得的成果也自然越来越丰硕。

1987年，为解决英国近海石油与天然气行业在高空、井下等特殊复杂环境的维护作业难题，操作者在单绳技术的基础上，单独增加了一条保护绳索。其目的是防止其中一条绳索失效的情况下，另一条绳索能起到有效保护作用。至此，双绳技术应运而生。

绳索技术主要发展历程如下：

1900年，英国地质及理工学会成立，使用吊板与绳梯探查洞穴地质；

1935年，英国探洞协会成立；

1941年，美国探洞协会成立，开始出现沿绳下降技术；

1952年，美国Bill Cuddington应用普鲁式技术成功从洞穴返回地面，奠定了上升/下降系统基础；

1960年，欧洲经济与工业迅速发展，现代化新型绳索装备器材陆续被发明、生产，绳索技术突飞猛进；

1977年，《单绳技术》（Single Rope Technique）著作在澳大利亚出版；

1987年，英国绳索技术作业协会（IRATA）成立，双绳技术应运而生。

第二节　绳索技术分类

绳索技术原则上可分为两大类别系统，即单绳技术系统和双绳技术系统。这两种技术系统的使用原理大致相同，但系统架设方式、操作要求因具体需求不同而略有不同。

一、单绳技术

单绳技术（Single Rope Technique, SRT），是指使用者在绳索技术作业过程中，所涉及的所有绳索技术操作都在一条绳索上进行或完成的所有绳索技术的统称，SRT是目前世界上普遍应用的绳索技术。单绳技术早期在攀登、探洞等环境中不断应用实践和改进，经历了相对较长的发展历程，通常用在高空、垂直、峡谷等环境中作业保护，以及人类户外活动中保障生命安全。

二、双绳技术

双绳技术（Double Rope Technique, DRT），是指使用者在绳索技术作业过程中，所涉及的所有绳索技术操作都在两条绳索上进行或完成的所有绳索技术的统称，是IRATA Guidelines中所认可的绳索技术系统。其要求是在绳索操作作业过程中，任何时候都必须要有独立的备份保护绳系统，备份保护绳系统只有在支撑身体重量的绳索失效或发生人为操作失误状况时方才受力，其它时间均处于不受力状态。DRT系统通常用于工程界施工作业保护，高空营救行动作业保护，以及部分攀岩、攀登和探洞活动的营救行动。目前，英国IRATA体系系统所使用的绳索技术就是典型的DRT绳索技术。

第三节　绳索救援体系概述

绳索救援技术（Rope Rescue）是一项通过利用绳索装备和技术不同组合运用，将被困者或伤员从相对危险的环境转移至相对安全环境所用的绳索专业救援技术统称。危险环境是指涉及高空、峡谷、竖井、洞穴、山岳等地势位置相对狭小、空间范围受限的所有作业环境，通常分为垂直、横向、倾斜三种作业环境类型。如绳索救援技术中经常用到的挂接式救援技术（Snatch Rescue），就是典型的将被困者或伤员迅速脱离悬吊状态的绳索救援技术。

在绳索技术应用中，所有从事绳索救援技术相关的操作人员，皆有可能出现因自身主观因素或环境客观因素造成在绳索上失去意识（如昏迷）而导致被困绳索的危险。操作者失去意识或昏迷后，若人体连续悬吊在绳索上超过15分钟，就有可能引发悬吊创伤（Suspension Trauma），产生悬吊创伤综合症，进而导致休克或死亡。因此，挂接式救援技术应成为每个学习绳索技术的人员必须要掌握的基础技术，而对于从事绳索技术基础训练的教练、教官来说，熟练掌握和应用挂接式救援技术，更是为学员参与绳索训练时，保障其人身安全的最关键技术。

一、美式绳索救援技术

美式绳索救援技术主要采用NFPA1006和NFPA1670两个标准，这两个技术标准包含了美式绳索救援技术的所有标准。美式绳索救援技术通常注重团队协作配合，强调团队技术综合应用，很少专门涉及单兵救援技术层面。

根据团队运作的特性，加上考虑承重和系统失效的冲坠因素，美式救援技术规定使用的绳索直径通常在12.5mm以上，而12.5mm绳索直径的限制，直接导致无法与欧式绳索器材装备相兼容，最终导致美式绳索技术使用的救援系统绝大部分为半解除系统。这种状况持续了相当长的一段时间，直到发明了MPD等兼容美式系统的器材后，美式绳索救援技术才开始逐步与欧式绳索技术融合发展。美式绳索救援技术进入我国后，则逐步演变为适应我国国情的轻量化山岳救援技术。

二、欧式绳索救援技术

欧式绳索技术起源较早，最早可以追溯至二十世纪六七十年代，甚至更早时期。自二十世纪八十年代开始，轻量化、高效能、高安全性的现代化绳索器材陆续发明和应用，直接催生了欧式绳索技术并飞速发展，绳索救援技术也随之进入科技化、系统化和专业化时代。

欧式绳索救援技术使用的绳索直径相对比较固定（11mm±0.5mm），绝大部分绳索器材装备都是围绕这个固定的绳索直径研发和制造，形成了一套完整的集器材装备研发生产和绳索技术研究应用等相对比较固定的绳索技术标准体系。欧式系统以直径11mm的绳索作为核心组成部分，能够兼容目前市面上的各种现代化绳索器材装备。基于这一基本理念，欧式绳索救援技术所用的很多器材装备一直在不断改良和优化，各种操作简单、性能可靠、安全性高的器材装备层出不穷，现代化、科技化、标准化程度越来越高，逐步形成了集研发、生产、使用、更新为一体的良性循环系统，是目前世界范围内主流的绳索救援技术。

三、日式螺旋绳救援技术

日式绳索救援技术也称日式螺旋绳技术，是二十世纪九十年代中后期从日本消防引入中国的一种简单实用型绳索救援技术，曾在我国消防系统中作为主流绳索救援技术使用，在生命救助和抢险救援中发挥了重要作用。在一定程度上，螺旋绳技术的引进填补了我国消防绳索救援技术领域的空白。

日本螺旋绳救援技术并不是日本首创，而是在二十世纪八十年代从欧洲所引入日本的螺旋绳技术的基础上改进和改良。如日本螺旋绳技术的“蝴蝶结”又称“阿尔卑斯蝴蝶结”，“腰结”又称“布林结”。螺旋绳技术的很多基础绳结都是最先从欧洲引进，并在原有的基础上进行了深度的改造和二次创造，逐步形成了现在我们所了解和使用的日式螺旋绳救援技术。

日本在二十世纪八十年代从欧洲引进螺旋绳技术时，正值欧洲由螺旋绳时代进入夹芯（包芯）绳时代，也是欧洲淘汰螺旋绳技术的开始时期。而日本给中国推荐螺旋绳技术的时候，也正是日本放弃使用螺旋绳救援技术，转而选用欧式绳索救援技术的开始时期。从某种角度来说，二十世纪九十年代我们所引进的日式螺旋绳技术，实则就是日本准备放弃和淘汰的绳索技术。

日本螺旋绳技术使用12mm的三股捻绳标准绳索，具有完整的标准化体系，但在引进中国时，由于没有做到体系化、系统化，直接导致进入中国后的螺旋绳技术变成了“点式”“片段式”和“断点式”的绳索救援技术，更没有建立起我国的绳索救援技术标准和体系。

四、中国绳索救援技术发展趋势

我国的绳索救援技术起步较晚，最早的绳索技术多是采用学习一点、模仿一点、借鉴一点和创新一点的方式逐步拼凑而成。中国的绳索技术最早是二十世纪九十年代从日本引进的螺旋绳技术；2000年开始，中国海洋石油总公司引进了当时国际上最先进的工业高空绳索技术（IRATA），至此，国内有了第一批IRATA绳索技术作业人员。当时这批技术人员主要还是以完成中国海洋石油公司石油平台的高空检验、维护和安装等任务为主，绳索技术并未进入消防和民间救援系统。随着时间的推移，部分具有IRATA资质的从业人员开始把绳索技术的重心从维修工作技术逐步转移到救援技术的研究层面，开始学习借鉴欧洲先进的绳索救援技术，并将此类双绳救援技术带入至民间救援队伍，以及消防救援队伍系统发展和应用。

2006年，我国香港消防处首次引进了欧式绳索救援技术；从2010年开始，北京、重庆、四川、贵州、广东等地也相继引进了欧式绳索救援技术，并根据各自的实情合理规划、创新和发展，细化了单、双绳技术的具体应用和使用标准，逐步形成了并不简单限制于“单”或“双”形式的中国消防绳索救援技术体系。

时至今日，中国的高空绳索救援技术发展突飞猛进，部分地区的绳索救援技术已经走在了国际前列，基本形成了以消防救援队伍为主，民间救援力量为辅的中式绳索救援技术体系，但还未真正形成适合我国国情的完整性、系统性、专业化绳索救援标准体系。

第二章

绳索救援队伍建设

绳索救援技术是一项区别于其它灭火救援技术的特殊专业救援技术，具有技术专业性强、操作程序要求严、应用环境相对复杂、作业危险性高等特点。绳索救援所涉及的高空、峡谷、深井、洞穴、山岳、悬崖等作业环境通常风险较大、复杂多变，稍不注意，则有可能发生人员坠落伤亡的风险。救援人员在作业中必须全程高度严谨、细心专注、慎之又慎，绝不能粗心大意、随心所欲、各自为战。在实际救援中，每一次绳索救援任务都要靠整个团队步调一致来协同配合完成，是个人绳索技术和团队绳索技术的有效结合，其中个人技术是团队技术的基础和前提，团队技术是个人技术的应用体现和安全保障。因此，高质量、高标准建设绳索救援队伍的重要性就不言而喻。在开展绳索救援技术培训、训练的同时，必须高度重视绳索救援队伍和团队的建设和发展，要重点打造素养良好、技术过硬、协同配合的绳索救援团队，确保安全、迅速、高效完成每一次救援任务。

第一节　结构组成

绳索救援队人员要按照素养过硬、一专多能、攻坚克难的要求，必须经过专业理论和技术培训，掌握相应救援知识和专业技术，并取得相应的资质或技术认证。救援队通常由10～30人组成，根据救援需要分为救援和保障两个职能小组，通常情况下只组建救援组即可，其保障职能由救援组的队员兼任，有条件的单位也可同时组建救援和保障两个小组，确保救援和保障职能分开独立高效运行。

绳索救援队基础架构图（以一级救援队为例，10人），如图2-1所示。

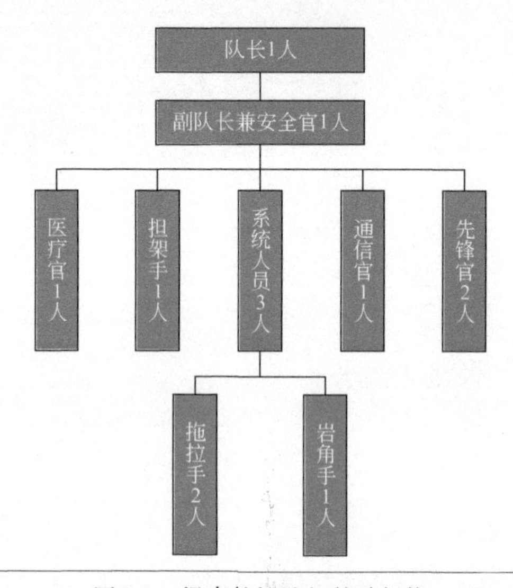

图2-1　绳索救援队伍基础架构

第二节　岗位职责

一、队长职责

（1）了解和掌握队伍情况，根据命令和现场情况，科学制定救援行动计划和方案，并组织、部署、管理和贯彻执行；

（2）组织、制定、落实战备制度，带领队伍完成救援任务；

（3）负责队伍日常技术训练，保证各项训练任务的落实，不断提高队伍专业知识和业务技术能力水平；

(4) 掌握队伍能力水平，做好队伍基础训练设施规划、建设，带领队伍开展救援装备改革和技术革新；

(5) 带领队伍完成上级部署的工作和救援任务。

二、副队长职责

(1) 副队长由组织能力强、救援经验丰富的骨干队员担任，积极协助队长工作，在队长临时离开工作岗位时，代行队长职责；

(2) 学习掌握救援技术和方法，熟悉队伍装备器材的性能、使用、训练和维护保养方法；

(3) 充分掌握现场情况，协助队长组织指挥和开展救援；

(4) 组织队伍实施业务技能训练和考核。

三、安全官职责

(1) 掌握事故现场安全评估、救援行动等相关知识，具备专业队员救援技术水平；

(2) 负责训练和救援现场的安全工作，指导训练和救援行动，督促队员落实安全防护，执行安全规定；

(3) 监督、掌握训练场和救援现场的安全行动，发现违规操作和危险情况，立即制止、叫停训练或救援行动；

(4) 协助队长确定危险范围，确定紧急撤离路线和信号，紧急情况下组织人员及时撤离；

(5) 带头遵守安全法规制度，宣传安全法律法规知识，督促队员落实安全法规制度，定期组织队员学习相关安全知识；

(6) 及时报告安全隐患及事故苗头，提出改进安全工作的建议。

四、医疗官职责

(1) 掌握医疗急救、伤患处理等相关知识，具备专业队员救援技术水平；

(2) 负责制定紧急医疗救治器材、仪器、药品等医疗物资的购置、储备和更新计划，负责医疗器材、药品的使用、维护和更新；

(3) 负责队员的日常医疗保健、健康管理和档案建设；

（4）负责救援现场伤患的紧急医疗处置和救治；
（5）指导和协助救援人员营救被困伤患人员；
（6）负责救援现场救援人员、伤患的紧急医疗处置；
（7）负责救援现场医疗设备的使用、维护和保养。

五、岩角手职责

（1）掌握绳索救援相关专业知识和技术，熟悉绳索救援程序和流程；
（2）负责绳索救援系统制作和架设，熟练掌握配重系统、T型系统、V型系统制作和搭建；
（3）负责绳索系统的保护工作，随时准备增援担架手；
（4）参与制定救援装备更新计划，参与救援装备维护保养；
（5）协助担架手对伤患实施救助、转运和转移工作；
（6）落实救援安全规定，执行安全管理制度。

六、拖拉手职责

（1）掌握绳索救援相关专业知识和技术，熟悉绳索救援程序和流程；
（2）负责锚点选择、制作，救援系统搭建，以及行动中拖拉伤员；
（3）参与制定救援装备更新计划，参与救援装备维护保养；
（4）落实救援安全规定，执行安全管理制度。

七、担架手职责

（1）掌握绳索救援相关专业知识和技术，熟悉绳索救援程序和流程；
（2）掌握基础紧急医疗技术，第一时间接近并稳固伤患；
（3）负责制作担架救生系统，救助被困人员或伤患人员；
（4）参与制定救援装备更新计划，参与救援装备维护保养；
（5）落实救援安全规定，执行安全管理制度。

八、先锋官职责

（1）掌握绳索救援相关专业知识和技术，熟悉绳索救援程序和流程；
（2）负责通过利用定位装备、传统指北针等装备，结合地图和现场地形地貌进行定向、定位、定点，运用3S及踪迹追踪技术提出搜索行进路线和备选方案，具备为队伍行进开辟通道的能力；

(3) 负责队伍行程规划和音影像记录工作，记录搜索行动过程，标记搜索路径，协助医疗技术人员进行伤患转运；

(4) 完成侦察、标定等先锋任务后，协助系统人员开展营救作业。

九、后勤官职责（兼职）

(1) 掌握绳索救援相关专业知识和技术，熟悉绳索救援程序和流程；

(2) 制定队伍后勤保障计划，负责队伍吃、穿、行、住等生活物资采购和保障；

(3) 负责生活物资管理、发放、调配和运输；

(4) 负责生活物资、装备、设施的管理、维护和保养，确保完整好用。

十、装备官职责（兼职）

(1) 掌握绳索救援相关专业知识和技术，熟悉绳索救援程序和流程；

(2) 负责制定装备发展规划、更新计划、储存管理和定期组织维护保养；

(3) 负责公共装备管理、登记造册、性能检测和分配管理；

(4) 负责制定装备管理档案，组织开展装备知识学习、研究。

第三节　能力评估

绳索救援队能力评估是指对不同岗位、不同级别的队员，在救援行动中运用本岗位的专业知识和技术能力的熟练度，以及解决救援中的各种问题所采取的救援策略、措施、方法和结果的综合评价。能力评估的方法主要是通过案例分析及实战训练，检验和评价队员的救援方案、策略是否科学有效，分析决策是否安全、简单、迅速、有效，采用的救援策略和措施是否符合现场实际情况。

一、队长、副队长应具备的能力

(1) 能制定训练与救援行动预案、方案、计划和规划；

(2) 能制定队伍发展规划和队员培训、管理、考核计划；

（3）能带领队伍开展训练和完成各种救援任务；
（4）能协调、调整和整合各种训练和救援资源；
（5）能组织指挥各种救援行动；
（6）能发现、分析和解决队伍存在问题和难题；
（7）能熟练掌握组织指挥技能和专业救援技术。

二、队员应具备的能力

（1）能熟练掌握救援理论、技能和专业技术；
（2）能熟练掌握并操作各种救援装备器材；
（3）能结合现场情况评估、完善救援策略和战术措施；
（4）能处理救援过程中的各种突发事件；
（5）能评估救援现场潜在威胁，根据实际情况和队长指挥，科学运用救援技战术措施；
（6）能熟练掌握医疗、宣传、后勤、装备、安全等相关业务知识；
（7）能熟练掌握和运用救援理论、技能和专业技术。

三、安全官应具备的能力

（1）能掌握救援现场安全评估、救援行动安全知识，具备实战经验；
（2）能掌控整个救援行动，督促队员落实安全防护，执行安全规定；
（3）能熟练运用各种安全知识，及时发现、制止各种安全风险和违规行为；
（4）能熟练掌握和运用救援理论、技能和专业技术。

四、医疗官应具备的能力

（1）能对伤患和队员的心理压力进行有效干预；
（2）能对伤患和队员实施紧急医疗急救和处理；
（3）能对医疗设备进行检查、维护和保养；
（4）能建立队员的医疗健康档案、日常医疗保健；
（5）能熟练掌握和根据实际情况运用医疗设备和急救技术；
（6）能熟练掌握和运用救援理论、技能和专业技术。

五、后勤官应具备的能力

（1）能熟练掌握和运用救援理论、技能和专业技术；

（2）能熟练掌握后勤保障的要求、标准、流程和工作方法；

（3）能制定队伍保障计划、标准规范，准确测算和量化保障标准；

（4）能协调、沟通、整合各种保障资源；

（5）能保障营地选址、搭建、运行和协调，有效组织营地管理工作。

六、装备官应具备的能力

（1）能熟练掌握和运用救援理论、技能和专业技术；

（2）能熟练掌握装备理论、原理、性能和特点等参数，能熟练操作使用各种装备；

（3）能有效管理、维护、保养装备，定期组织装备性能测试，提出报废意见；

（4）能编制装备发展、更新、革新规划和计划，提升装备整体水平。

第四节　培训要求

绳索救援队员分为预备队员、1～5星级队员等六个层级。其中预备队员不是正式队员，应参加入队培训；1～2星级为初级队员，应参加初级培训；3～4星级为中级队员，应参加中级培训；5星级为高级队员，应参加高级培训。

一、入队培训

主要是对自愿参加，并通过初步遴选条件的人员进行入队资格的绳索救援技术训练和思想教育引导等。培训时间不少于10天。培训内容包括救援理念、政治思想、基础法律、体能训练、救援基础理论、个人基本技能等知识学习和训练。其主要培训内容如下：

（1）绳索救援基本特点，救援队和队员应具备的救援能力和在救援中发挥的作用；

（2）绳索救援体系建设和发展等基础知识和技能；

（3）识别和减少作业环境潜在危险的基础知识和能力；

（4）心肺复苏、止血和包扎等紧急医疗知识和处置技术；

（5）救援队员的基本素质、道德要求和基础法律知识；

（6）救援队员个人着装规范、行为准则和PPE知识；

（7）救援队员身体、心理素质和相关标准；

（8）救援行动训练安全和自我保护要求；

（9）绳索救援安全原理，绳索及装备理论知识，装备模块化和绳索整理，绳结知识与练习，锚点选择与架设，水平或垂直防坠落系统架设，绳索保护套安装使用，绳索过结点技术，倾斜紧绷绳上升或下降，下降或下降状态救援伤患，在偏离点、中途锚点或绳索转换状态下救援伤患等基础个人绳索技术。

二、初级培训

参加入队培训并合格的队员，进行为期3个月的试用，经过考核合格后成为正式队员，并参加初级培训。初级培训主要内容为绳索装备使用、维护和保养，绳索救援个人技术、团队基础技术等，培训时间为每星级1次，每次15天。其培训内容为：

（1）绳索救援力学基本知识；

（2）绳索装备种类、用途和功能等基础知识；

（3）装备基本原理、维护保养和操作使用；

（4）救援安全理论与自我保护措施、方法和要求；

（5）个人保护装备组装，绳结制作与训练，上升和下降转换，微距上升和下降，绳结、绳索保护套通过方法，绳索转换技术，偏离点、中途锚点、低岩角通过与绳索保护，辅助攀登（固定式与移动式），锚点架设基本原则，挂接式救援技术等；

（6）绳索回收系统架设及操作，滑轮倍力系统原理与制作，绳索拖拉系统原理与制作，伤患固定技术，交叉拖拉技术，V型救援系统原理与架设，T型救援系统原理与架设，通过绳结技术，脚架操作和使用技术，绳索整理等个人和团队技术；

（7）救援现场风险评估，锚点制作，力学分析，偏离救援技术，滑轮系统应用，悬吊创伤处置，携带伤员绳索转换，可回收挂绳系统，挂接式救援（伤员上升模式）技术等。

三、中级培训

培训对象为参加初级培训并考核合格，且获得2星级的队员，培训时间为每星级1次，每次20天。其培训内容为：

（1）各种灾害现场的危险因素分析方法、程序等基础知识；

（2）救援装备使用、维护和保养；

（3）伤患紧急处置、稳固和转移技术；

（4）安全、医疗、后勤、装备、通信、心理等专业知识和技能；

（5）教学、指挥、组织、管理和训练等基础能力；

（6）案例复盘、推演、演练等组织能力；

（7）个人救援技能和团队救援技术综合应用。

四、高级培训

培训对象为参加中级培训并考核合格，且获得4星级的队员，培训时间为10天。其培训内容为：

（1）灾害信息搜集、分析和整理；

（2）组织指挥策略、程序和要求；

（3）队伍建设、协调和管理；

（4）救援理念、技术和装备的研究、开发与应用；

（5）团队救援技术判断、选择、指挥和运用；

（6）救援方案选择、分析、制定和运用；

（7）安全风险判断、分析和规避；

（8）绳索救援预案编写和管理。

第五节　素质训练

救援队员的素质训练应与救援技能、技术训练同为队员的终身训练内容。

一、体能训练

体能训练是提高队员身体素质的重要方法之一，是常态化开展的训练科目。包括力量、耐力、爆发力、速度和协调性训练等。训练以实际体能科目训练为主，并辅助开展登高、攀登、游泳等野外环境综合性训练实践。

（1）力量训练。要循序渐进开展，主要增加队员的四肢肌肉力量和整体协调能力。力量训练包括引体向上、深蹲起立、负重跑、提拉重物等内容。

（2）耐力训练。主要进行肌肉耐力、有氧耐力、无氧耐力训练。也可同步穿插心理素质训练和毅力训练，包括中长跑、远程机动拉练等内容。

（3）爆发力训练。主要进行肌肉力量和整体反应、协调、灵活性速度训练，包括短跑、弹跳、快速转身等内容。

（4）灵活性训练。主要训练快速反应、动作协调和准确性，提高大脑神经反应的灵活性，包括转身跑、攀岩、沿绳横渡等内容。

二、心理训练

（1）受压能力训练。绳索救援的工作环境通常是高空、山岳、峡谷等复杂性危险场所，同时会经常性接触重伤、死亡、流血伤患，极易给救援队员造成严重的心理压力和精神紧张。所以，开展心理能力训练能够有效消除队员的紧张心理，克服恐惧情绪。

（2）意志力训练。训练队员克服高空、深渊、峡谷等复杂环境的心理影响，提升抵抗心理疲劳和增强抗外界干扰的能力，锻炼和培养连续作战的意志和顽强战斗的品质。

（3）避险能力训练。训练队员在复杂环境下识别危险、规避风险和自我防护意识能力，锻炼临危不惧、沉着冷静应对各种危险和风险的能力。

三、专业训练

（1）个人保护装备组装，绳结介绍与训练，上升和下降转换，微距上升和下降，绳结、绳索保护套通过方法，绳索转换，偏离点、中途固定点、结构墙通过与保护方式，辅助攀登（固定式与移动式固定点），确保点架设基本原则，挂接式救援（伤患下降模式）技术等。

（2）救援现场风险评估，锚点制作，受力角度分析，偏离救援技术，滑轮系统应用，悬吊创伤处置，换绳救援技术，可回收挂绳系统，挂接式救援（伤患上升模式）技术等。

（3）绳索基础救援安全原理，绳索及装备知识，装备模块化与绳索整理，绳结知识与练习，固定点架设，水平或垂直防坠落系统架设，绳索保护套安装，绳索过点技术，倾斜紧绷绳上升或下降，下降或下降状态救援伤患，在偏离点、中途固定点或绳索转换状态下救援伤患。

(4) 绳索专业救援安全原理，绳索回收系统架设及操作，倍力系统制作，绳索拖拉及解除系统，担架伤患固定技术，交叉拖拉，V型拖拉，T型拖拉，通过绳结或转角技术，脚架技术，绳索整理等。

(5) 复杂环境绳索救援安全原理，各种环境下高角度救援计划、规划及拟定，指挥系统介绍及运作，救援小组分工及操作技巧，救援案例实操，高空救援案例实操。

(6) 狭窄空间绳索救援安全原理，SRT单绳技术要点讲解，洞穴救援路线，担架运输制定，狭窄空间边墙稳固系统，指挥通信，狭窄空间、洞穴救援案例实操。

第六节　分级管理

按照专业化、标准化和规范化的理念，在充分考虑各地的实际情况和队伍建设的需求不同的基础上，队伍建设遵循从无到有、先有后强、先会后专的原则，队伍和队员实行等级标准管理制度。等级管理有利于队伍正规化、专业化建设和发展，不同等级的救援队伍，其人员、装备、能力和职能均不相同；不同等级的队员，其训练、能力和职务要求均不同。

一、队员遴选条件

(1) 年满18岁以上公民；

(2) 具备高中以上文化程度，具备基本计算机操作能力；

(3) 身体健康，无传染性疾病，无心脏病/胸痛、高血压或低血压、癫痫、黑蒙、恐高/眩晕、眼花/平衡困难、肢体功能受损、酗酒或吸毒、精神疾病、肥胖、糖尿病等；

(4) 政治信仰坚定，热爱党和国家，遵纪守法，无任何犯罪记录；

(5) 通过体重、身高、耐力、速度等基本体能测试并合格。

二、队员等级评定

队员专业等级评定，有利于救援队伍对队员的连续性、针对性培养和管理，使队员的技术能力与队伍整体能力相匹配和适应，从而确保队伍长期稳定发展。

1. 队员专业等级类型

专业等级按照从低到高顺序分为1星级（S1）、2星级（S2）、3星级（S3）、4星级（S4）、5星级（S5），其中1、2星级为初级，3、4星级为中级，5星级为高级。

2. 队员专业等级要求

S1星级要求：通过相关绳索救援技术入队培训和考核合格成为正式队员；满3个月以上试用期，并经试用考核合格；在本单位持续绳索技术训练或从事救援相关工作满500个小时以上。

S2星级要求：取得1星级队员资质，参加初级技术培训，并取得初级资质认证，在本单位持续绳索技术训练或从事救援相关工作满1000个小时以上。

S3星级要求：取得2星级队员资质，参加中级技术培训，取得中级资质认证，在本单位持续绳索技术训练或从事救援相关工作满2000个小时以上。

S4星级要求：取得3星级队员资质，参加中级技术培训，取得中级资质认证，在本单位持续绳索技术训练或从事救援相关工作满3000个小时以上。

S5星级要求：取得4星级队员资质，参加高级技术培训，取得高级资质认证；在本单位持续绳索技术训练或从事救援相关工作满5000个小时以上。

训练时间包括理论学习、技术训练、实景演练、技术培训、比赛竞赛和实战救援等，训练时间以实际执行小时计算，其中参加培训按每天6小时计算，参加比赛按每天10小时计算，参加救援按每天24小时计算。

三、队员等级能力

（1）初级（S1、S2）：通常为辅助和后备队员，具备基础装备认知，上升与下降，上升下降转换，上升下降过绳结，微距上升下降调整，个人低固定点通过，单偏离点通过，绳索转换，下降状态个人挂接式救援，基础锚点（分力系统），下降器上升，辅助攀登，上升状态个人挂接式救援，通过中途点，双偏离点通过，绳结基础锚点制作，基础系统架设（T型、V型），比例系统制作等技术能力。在救援行动中担任基础操作岗位人员，能够辅助S3、S4级执行绳索救援任务。作为救援行动力量支持，可在救援现场作为中级队员的备勤人员，负责建立现场器材装备集结点，前置通信基站、中枢站，处置重大事故作为后补前置力量协同作战。

（2）中级（S3、S4）：救援行动过程的具体实施者，通常为行动的前置人员，可担任先锋、担架手、系统架设人员。掌握初中级资质的所有技术，具备绳索救援单绳、双绳中、高阶段单兵救援，翻越边角、偏移点，伤患吊升，大型结构锚制作，人工锚制作（挂片），保护站架设，交叉拖拉，低角度搬运，伤患吊升，额外绳索吊升，绳上系统制作，单人带伤患通过绳结，担架固定和通过技术，简易器材组合拖拉，空中索降等技术能力，能够设置全地形绳索救援系统。

（3）高级（S5）：通常为组织指挥人员。掌握初、中、高级资质的所有技术，具备绳索救援单绳、双绳中、高阶段单兵救援技术运用，简易器材组装救援系统，环境评估、风险识别与管理，制定行动方案，拟定现场作业程序和方法，指挥现场布局分工，建立有效的团队沟通系统，指挥救援队完成救援任务，空地救援协同指挥，复杂地形救援指挥能力。作为救援行动指挥员，组织指挥贯穿整个行动过程，对行动过程负全责，且有决断权，对高危行动有终止权。

四、岗位资质要求

绳索救援队作为救援行动核心力量，按照救援行动分工需要以及实战经验总结，绳索救援通常设置指挥官、系统人员、先锋人员、担架人员等具体岗位。

（1）指挥官（安全官）：必须取得高级培训技术资质，同时取得S5等级岗位资质。对整个救援行动过程负总责，具备组织动员、行动指挥、及时撤离等基础能力，能够制定行动计划，下达和部署具体任务，并对行动过程安全进行督导。

（2）系统人员（边角手、拖拉手）：必须取得中级培训技术资质，同时取得S3～S4岗位及以上等级岗位资质。主要承担主拖拉系统架设、伤患转运任务，直接接受指挥员指挥和调派，在行动过程中绝对服从命令，具有系统架设选择和决定权。

（3）先锋人员：必须取得初级培训技术资质，同时取得S2～S3岗位及以上等级岗位资质，以及具备相应急救等级能力。在行动中为第一救助手，是前置侦查、伤患接触、第一信息反馈人员，在行动中服从指挥员管理，具有伤患第一时间处置权。

（4）担架人员：必须取得初级培训技术资质，同时取得S2～S3岗位及以上等级岗位资质。行动中负责固定伤患，全程进行陪护，稳定伤患情绪，转运过程陪护伤患安全通过障碍。

（5）通信人员：必须取得初级培训技术资质，同时取得S2～S3岗位及以上等级岗位资质。行动中负责全队通信保障任务，搭建和维护通信线路，协同先锋人员进行伤患转运。

五、团队等级管理

绳索救援队根据救援队员人数、装备和能力标准分为三个等级，分别为一级、二级和三级，其中一级最低，三级最高。

1. 一级救援队

通常配备10人，包括队长1人、副队长兼安全官1人、系统人员3人（岩角手1人、拖拉手2人）、先锋官2人、医疗官1人、担架手1人、通信官1人。具备简易单兵挂接救援能力，能够设置简单、复杂滑轮拖拉系统组装，架设T型、V型拖拉救援系统，掌握利用绳索系统稳固基础建筑构件技术方法。主要承担小跨度、小高层等城市救援，单一类型山地、山岳救援任务，只能执行单一地域、地点救援任务。

2. 二级救援队

通常配备20人，包括队长1人、副队长1人、安全官2人、系统人员6人、先锋官4人、医疗官2人、担架手2人、通信官2人。具备掌握单兵复合救援技术，设置复合滑轮拖拽系统的装备，架设斜向、大角度的变形V型拖拉系统，设置不对称角度拖拉和低位横渡系统，掌握担架通过岩角技术、基础脚架技术，掌握建筑坍塌构建牵引、起重等技术。主要承担大跨、高层等有限空间、人工设施等城市救援，高山峡谷、低角度、高角度、边坡、大竖井等山地救援任务，能同时执行2个救援任务。

3. 三级救援队

通常配备30人，包括队长1人、副队长2人、安全官3人、系统人员9人、先锋官6人、医疗官3人、担架手3人、通信官3人。具备一、二级救援队全部技术能力，能够掌握浮动固定点担架翻越技术，具有设置多地形分段滑轮拖拽系统架设技术，复杂地形设置三脚架、两脚架、单脚架拖拉及紧绷系统，洞穴救援单绳救援技术，在地震救援中利用绳索系统牵引、稳固、转移大型建筑构件等能力。主要承担大跨度、大纵深、超高层等城市救援，狭窄空间、洞穴生命营救任务，能同时执行3个以上任务。

第七节　人员资质

队员考核按照实战要求，需要什么就训练什么，实际训练什么就考核什么，怎么训就怎么考的总原则，坚持教战一体、训战一致、教研结合的理念，统一实施队员技术能力资质考核，确保各级别队员能够高质量熟练掌握和运用专业技术，达到全员持证上岗或作业的标准要求。

一、S1星级队员考核内容

（1）绳索救援器材介绍及穿戴；

（2）SRT/DRT发展史，MBL/MBS/WLL/SWL/安全系数；

（3）绳索装备基础知识，装备参数识别、认证说明；

（4）风险评估与管理；

（5）安全带的穿戴及个人PPE组装；

（6）双8字结、反穿8字结、反穿单结、水结、桶结、双套结、布林结、蝴蝶结、双渔人结、普鲁士抓结（编织）、意大利半扣等绳结制作和运用；

（7）基础锚点架设，扁带、兔耳、Y-HANG、均力系统架设，锚点强度概念（强锚个人15kN、团队36kN不含器材）；

（8）绳索管理规范，蝴蝶收绳法、链条收绳法、绳包收绳法和扁带收绳法；

（9）个人绳索通过技术，包括上升技术、下降技术、微距上升技术、微距下降技术、上升过绳结技术、下降过绳结技术、绳索转换、通过单偏离点、通过中途固定点、平台下降、通过绳索保护套、下降/上升状态一对一救援、悬吊创伤处理、辅助攀登、下放系统、工作限位、使用坠落止停装置等技术内容。

二、S2星级队员考核内容

（1）携带伤患通过绳索转换；

（2）携带伤患通过单偏离点下降；

（3）携带伤患通过中途锚点下降；

（4）直接拖拉、间接拖拉、绳中段拖拉；

（5）带绳包下降、HASS上升法、辅助攀登状态救援、抛豆袋使用；

（6）回收系统架设；

（7）人工锚点创造。

三、S3星级队员考核内容

（1）滑轮拖拉救援技术；

（2）锚点选择与架设，包括基础锚点、分力系统、均力系统、大型结构锚点、无强度损失锚点、后方预紧锚点、地锚、车辆锚点、多股单结、绕三拉二等内容；

（3）回收系统架设；

（4）滑轮拖拉系统理论，全解除系统、半解除系统、A-BLOCK、B-BLOCK、DM/DB、TTRS、直接拖拉、间接拖拉等；

（5）张力计算法；

（6）理想省力比；

（7）真实省力比；

（8）滑轮拖拉系统力学分析概念，三角函数计算法、矢量计算法、COD计算；

（9）担架伤员固定技术，包括有安全带（双V绑法、担架快速插扣）固定、无安全带（加纳绑法+蜘蛛网）固定等；

（10）担架组装技术，包括2/3内普鲁士、可调牛尾、60/80扁带、外布林打法、蝴蝶结打法、过结大滑轮、前后滑轮具体运用等；

（11）基础平台拖拉系统，担架姿态调整；

（12）担架水平进出低岩角，二条扁带、四条扁带、黑人抬棺等方法；

（13）担架竖直进出低岩角，绳索副提拉、扁带副提拉、ATZK提拉等方法；

（14）空中入担架技术，包括水平安装、垂直安装等；

（15）配重提拉救援系统架设；

（16）斜向救援，包括基础斜向系统、Skate Block、斜纵转换系统等；

（17）V型救援；

（18）交叉拖拉；

（19）传统T型系统；

（20）日式T型系统；

（21）英式T型系统；

（22）低角度救援技术；

（23）医疗急救处置与医疗包配置。

四、S4星级队员考核内容

（1）滑轮拖拉救援，AHD人工高支点技术，脚架使用；
（2）自制三脚架技术；
（3）担架过狭小空间技术；
（4）斜向循环系统；
（5）拖拉五大系统。

五、S5星级队员考核内容

（1）系统性指挥能力；
（2）无预案演练组织能力；
（3）行动方案选择、判断和制定能力；
（4）救援预案编写和制定能力；
（5）安全风险辨别、识别、分析和规避能力。

第八节　装备配置

绳索救援是被困者在高空、峡谷、山岳、井下等复杂环境中受伤、受困时，救援队员利用绳索及附属设备，按照一定的规则和技术开展营救的综合性救援技术动作过程，是一项时效性极强，涉及救援人员和被救人员生命安全，集侦查、搜索、营救、医疗和防护等为一体的综合性复杂“工程”。通常要求队员在高空、复杂、狭小空间等危险环境下，用最短的时间、有效的技术、默契的配合靠近和营救被困者。因此，成功、高效的绳索救援行动除了配备训练有素、经验丰富、技术过硬的救援队员外，还必须科学配置适合各种复杂环境下开展救援行动的防护、救生、医疗、救援等高效、轻便、安全可靠的救援装备和器材。

一、装备配备基本原则

配置绳索救援装备应满足以下基本要求：
（1）体积小、材质轻、强度大、效率高，易于个人携带；

（2）结构简单、操作方便、安全高效，便于维护保养；

（3）符合人体工程学和个人左右手操作习惯的要求；

（4）满足环保、经济要求，避免对环境、人员和伤员造成危害；

（5）满足多功能、高效率、可靠性，以及节能和环保要求；

（6）具有可靠的安全防护性能，防止对操作人员和受困人员造成伤害；

（7）具有良好的兼容性、适用性和安全性；

（8）个人防护装备必须合理有效，适应复杂环境的使用；

（9）应具备完整有效的生产合格证、使用说明书和检测测试证明资料；

（10）包装完整、数据标识清晰，满足存储、运输和操作要求。

二、装备分类标准

按照绳索救援装备的功能和用途，可将装备分为个人装备和公共装备两大类。个人装备包括防护服、头盔、手套、防护鞋、照明灯、定位灯、安全带、下降器、止坠器、手式上升器、胸升、脚踏带、主锁、挽索等。公共装备包括绳索类、编织类、金属类的主锁、滑轮、担架、下降器、扁带、三脚架等救援类装备，以及与医疗、技术、通信、后勤、管理相关的综合性类型装备。

（1）个人装备。是指配给队员个人专项使用和保管的个人防护、安全带及其绳索技术附属器材和装备，如安全带、主锁、下降器等。

（2）公共装备。是指除个人装备以外，在绳索救援过程中，由团队共同使用的绳索、滑轮、担架、扁带、分力板等共用器材和装备。公共装备通常由指定人员专门管理，团队人员共同使用和维护保养。

（3）救援装备。是指救援队员在救援行动中搭建营救通道所需的绳索、锚点、防护及其附属的主锁、滑轮等工具和设备，如绳索、扁带、滑轮、下降器、担架等。

（4）医疗装备。由专业医护人员使用，对被救者和救援队员进行医疗紧急处置和转移所需要的器材和药品，如包扎、固定器材，除颤仪、监控器等设备。

（5）技术装备。在绳索救援过程中，用于侦察、位置标定、路线记录、有毒气体检测、测距、望远等辅助救援作业的所有仪器设备。

（6）通信装备。包括保障救援队员之间、现场与后方之间、救援队之间通信所需声音、数字、图像的传输、联络设备，如对讲机、无线电台、卫星电话、便携基站等。

（7）后勤装备。在救援行动中，用于保障救援队员生活、休息、饮食、住行等后勤保障的帐篷、车辆、发电机、炊事灶等器材和设备。

（8）管理装备。在救援行动中，支撑信息搜集、环境危险性评估和安全监督管理所需要的设备和器材，如照相机、摄像机、测量工具、计算机等。

三、装备配置要求

1. 针对操作使用的评估

在每次作业、训练之前，都应做一次装备评估，以确保能选取最适当的装备。该评估还应当特别注意到错误使用装备的可能性，以及因此带来的后果，并要注意借鉴参考已知的同类事故案例。绳索救援装备的选取必须按照制造商规定的特定用途来执行，装备的选取与购买应当由了解装备技术规格的人员来实施。如果装备用于其它用途，则应当事先取得制造商的确认，了解该项用途是否可接受，应当注意哪些事项。

2. 法律要求

装备的选取应当符合所在国家的法律要求，有时候国家与国家之间、地区与地区之间的要求并不一样。

3. 标准要求

（1）一般来说，装备的选取应当符合国家或国际标准，所选取的标准必须与装备的指定用途一致。

（2）多年以来，绳索救援地装备的标准并不能覆盖所有绳索装备标准，但在选取装备时还是应当尽可能地选用被标准覆盖的器材装备。

（3）符合适当标准对于装备选取来说非常重要，但这并不是决定选取标准的唯一因素。

（4）如果某一个装备的部件符合某一个特定标准，并不意味着此装备就一定适合使用。

（5）如果对某个特定标准是否与指定用途相关的任何疑问，可从装备制造商或其授权代表处获得技术支持。

4. 限定负荷/最低静力强度

救援队从开始选取装备时就要考虑到制造商对装备允许负荷的规定标准。

某些特殊装备（下降器与后备安全装置），还应当提供最大或最小额定负荷（RL_{MAX}和RL_{MIN}）。其它装备还需要提供不同类型的限定负荷，例如安全作业负荷（SWL）或作业负荷限制（WLL）。对于主锁等用于连接受力的装备，除了提供最低静力强度（最小破断负荷MBS）以外，还需额外提供限定负荷。对于大多数绳索救援作业所使用的防坠保护装备（低延展性绳索、保护带与上升器），都应当使用相关标准规定的最低静力强度来测试，动力绳索测试还应当提供在做类型测试时动力下冲坠的次数。

注意：除了安全作业负荷、作业负荷限制、最低和最高限定负荷以外，静力强度要求通常都是取最低值进行计算，静力强度值越高的装备所提供的保护级别越高。在器材装备上所标示的实际负荷通常是指器材的破断负荷，但在实际操作中，器材受力绝对不能超过负荷极限（MBS）数值，器材受力极限只允许达到工作负荷上限（WLL）数值即可，具体如表2-1所示。

表2-1　绳索负荷强度主要名词解析

MBS/MBL	Minimum Breaking Strength/Minimum Breaking Load 最低破断负荷	
WLL	Working Load Limit 工作负荷上限	
	Textile Equipment's WLL Safety Ratio 纺织品器材安全系数	1：10
	Metal Equipment' s WLL Safety Ratio 金属器材安全系数	1：5
SWL	Safe Working Load 安全工作负荷 通常是由符合资格人士所定，通常与WLL相同或稍微低于WLL	

5. 装备使用的限制与兼容性

（1）装备使用的限制性，通常指具有特定功能的装备只能用于特定条件下的功能作用，不能用于其它非特定功能的用途。如在作业中做工作定位或坠落止停保护，就必须要使用特定保护功能的装备，不得随意使用其它装备代替。

（2）装备购买时，应当确保任何系统的组件都能兼容，且任何一个组件的安全功能不会干扰另一个组件的安全功能。

（3）装备配置和使用时，要根据制造商提供的信息来使用装备。

（4）装备选用时，需要考虑有足够的安全系数来确保使用者和被救者的人身安全。

（5）在选取特定用途的装备时，应当考虑到弱化因素和薄弱环节，例如绳结处绳索强度的损失问题。

(6) 装备在实际使用过程中，应当注意天气、气候、温度等自然条件对装备性能和功能的影响，绳索技术人员要核实制造商提供的信息以确定可接受的操作使用环境条件。例如，湿度可以改变（减小）下降器与锚点绳索之间的摩擦，从而改变性能。结冰的绳索会影响止坠器的功能。潮湿的绳索也会显示出比干燥绳索更大的延展特性，潮湿的聚酰胺纤维锚点绳索的耐磨损力较弱。在极冷条件下，某些金属的强度也会受影响。

(7) 购买和选取装备时，要与装备供应商核实编织类装备的材质类别，明确是否具备防护紫外线退化的能力。例如聚酰胺纤维、聚酯纤维、聚乙烯纤维、聚丙烯纤维与芳族聚酰胺等材质类装备，大多数标准都没有提出对防止紫外线退化要求，所以需要装备使用者自己判断和甄别。

四、装备配置参考

1. 个人装备

绳索救援单兵装备的选配组合没有固定统一的标准要求，装备的选择和组合搭配通常会根据不同的作业类型、实际工作要求或个人习惯而有所区别，不同团队或团队中每名作业人员使用和选配组合的单兵装备通常会存在差异，如图2-2所示。

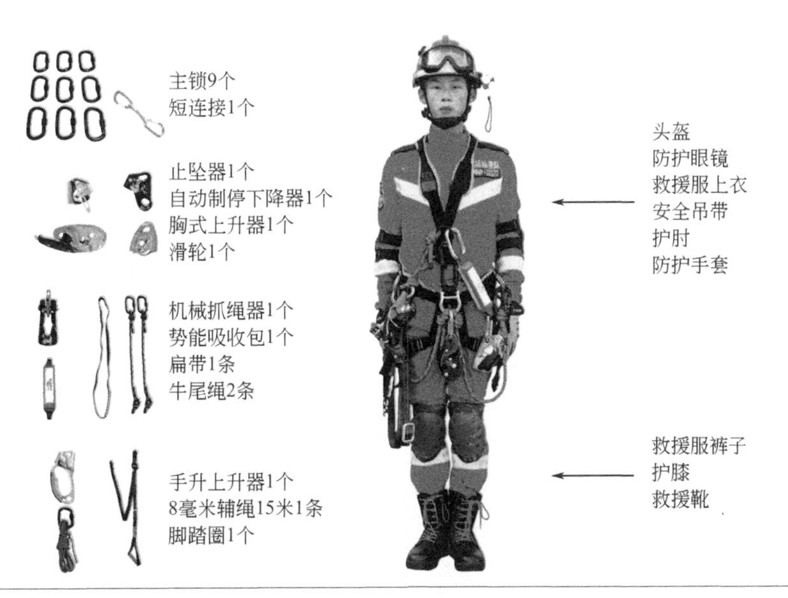

图2-2　常见单兵装备配备标准

2. 个人装备配备参考

如表2-2所示，此表的装备配置仅供参考，不作为唯一依据。

表2-2 个人装备配备参考表

序号	名称	品牌	型号	图例	数量
1	救援头盔	PETZL 索乐克 凯乐石	VERTEX VENTA010CA00 TECH Ind. 泰克 工业头盔 索乐克 FLASH W9602		1
2	救援全身式安全带	PETZL 索乐克 凯乐石	ASTRO® BOD FAST（国际版）C083BA00 Hercule 大力神 索乐克 W0079DR		1
3	可调节牛尾	PETZL 索乐克 凯乐石	PROGRESS ADJUST-Y L044AB00		1
4	固定牛尾	PETZL 索乐克 凯乐石	L50 60 索乐克 W2100X080		2
5	手式上升器	PETZL 索乐克 凯乐石	B17ARA VECTOR CNC手式上升器（左） 索乐克 RK804BX		1

续表

序号	名称	品牌	型号	图例	数量
6	可调脚踏带（配合手升用）	PETZL 索乐克 凯乐石	FOOTCORD C48A Quick Aider 可调节脚蹬		2
7	自动止停下降器	PETZL 索乐克 凯乐石	D020AA00 索乐克 K032SIR00		1
8	O形自动锁	PETZL 索乐克 凯乐石	M33A TL Oval TP 三重自动O形锁 索乐克 三段锁K0122EE07	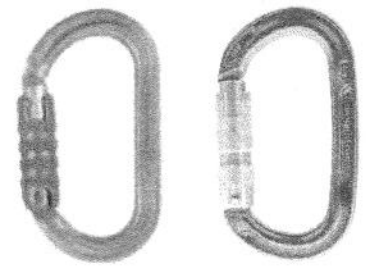	8
9	短连接	PETZL 索乐克 凯乐石	C041AA00 12cm 宽窄快挂扁带环14cm 索乐克 C2087*012	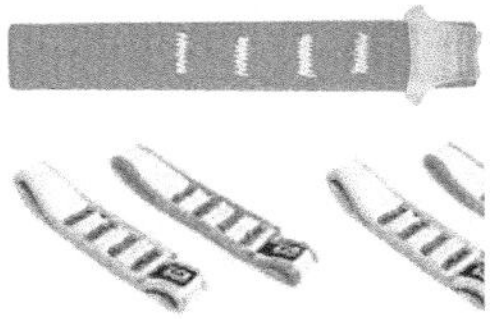	1
10	止坠器	PETZL 索乐克 凯乐石	DUCK 索乐克 W1010BB09	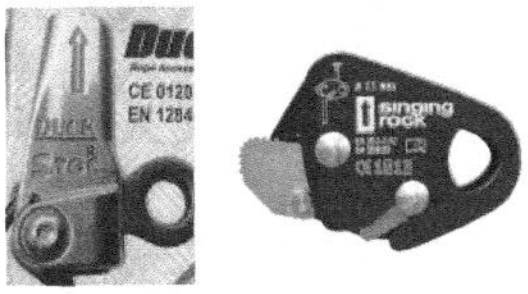	1
11	游动式止坠器	PETZL	B071CA00	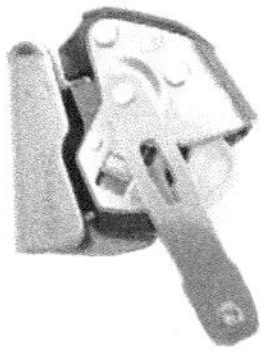	1
12	双人缓冲带	PETZL	L071CB00		1
13	装备包	BARHAR 索乐克	35L 索乐克 S9000**35		1

3. 公共装备配备参考

如表2-3所示，此表的装备配置仅供参考，不作为唯一依据。

表2-3　公共装备配备参考表

序号	名称	品牌	型号	图例	数量
1	100米10.5MM静力绳	BEAL索乐克	INDUSTRIAL 4色红蓝黑白 索乐克 L023 四色黑红绿白		4
2	50米10.5MM静力绳	BEAL索乐克	INDUSTRIAL 4色红蓝黑白		6
3	20米10.5MM静力绳	BEAL索乐克	INDUSTRIAL 2色白		6
4	45L绳包	BARHAR 凯乐石 索乐克	BH1021 KEG桶包45L		6
5	轻量绳包	BARHAR 索乐克	BARHAR		4
6	装备包60L	BARHAR	BH601		3
7	O形自扣锁	PETZL 凯乐石 索乐克	M33A TL Oval TP 三重自动O形锁 索乐克 三段锁K0122EE07		80
8	150CM扁带	PETZL 凯乐石 索乐克	C40 150 强力扁带环160cm 索乐克 C2075X0150		20

续表

序号	名称	品牌	型号	图例	数量
9	120CM扁带	PETZL 凯乐石 索乐克	C40 120 强力扁带环120cm 索乐克 C2075X0120		20
10	80CM扁带	PETZL 凯乐石 索乐克	C40 80 强力扁带环80cm 索乐克 C2075X80		20
11	高效提拉保护器	PETZL ASAT	D024AA00		4
12	1.5M钢缆	BARHAR 索乐克	LYON 索乐克 RK850X130		12
13	机械抓结	PETZL	B50A		4
14	万向单滑轮	ROCK 凯乐石	P51 Vortex 旋风 万向快速单滑轮		8
15	万向双滑轮	ROCK 凯乐石	P51D Vortex 旋风 万向快速双滑轮		8
16	过结大滑轮	ROCK 凯乐石	P3 YAK“牦牛”过绳结大滑轮		2

续表

序号	名称	品牌	型号	图例	数量
17	护绳架	BARHAR 索乐克	BS103 索乐克 K0050OS03	 	4
18	护绳板4槽	BARHAR	BS203		4
19	护绳板2槽	BARHAR	BS201	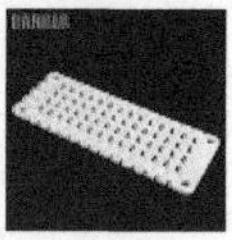	4
20	大地布	BARHAR	SB307		15
21	大分力板	PETZL 凯乐石 索乐克	P63L RIG分力板-12孔 索乐克 RK714BB00	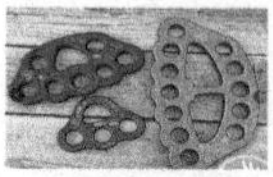 	4
22	中分力板	PETZL 凯乐石 索乐克	P63M PAW分力板-8孔 索乐克 RK714BB00	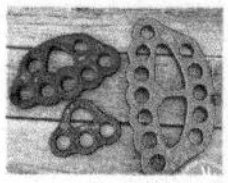 	4
23	提拉套件	ROCK 凯乐石 PETZL	2M HaulerBiner 拖拽者 165CM		6
24	不锈钢折叠担架	BARHAR	BARHAR	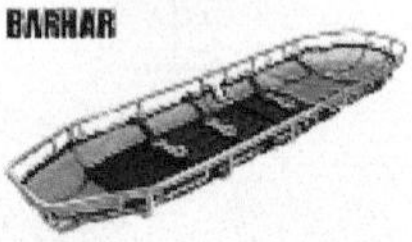	1
25	抛绳豆袋	凯乐石 索乐克	索乐克 W9500Y350	 	5
26	豆袋绳	凯乐石 索乐克	索乐克 L9031YX10	 	100米

第九节　装备管理

一、装备管理要求

（一）编织类装备

（1）目测绳索或扁带的表面，找寻切割、磨损、热熔及接触化学品的痕迹；

（2）用手触摸，感觉有无异常的硬化或软化现象；

（3）检查缝线部分是否断线、变形及磨损；

（4）检查外观是否变色、褪色；

（5）用鼻嗅，检查有无酸味、异味；

（6）避免摩擦、踩踏编织类器材；

（7）避免高温环境使用和操作；

（8）存放于干燥、清凉及阴暗的地方；

（9）避免接触酸性或腐蚀性物质；

（10）用低于40℃的水清洗，也可使用中性清洁剂或专用洗绳剂清洗，并置于阴凉的地方自然吹干；

（11）承受强大的冲击或坠落后立即报废。

（二）金属类器材

（1）金属类器材具体的使用期限通常不明确；

（2）检查有无裂纹，深度超过1mm的刮伤、腐蚀痕迹及变形现象；

（3）检查金属栓、闸门、锁件及一切活动部分部件的状况；

（4）检查止停功能是否正常；

（5）检查所有会产生摩擦的部分，观察其磨损程度；

（6）用清水清洗，自然晾干；

（7）承受强大的冲击或坠落后立即报废。

装备专项管理与检查记录如表2-4所示。

表2-4　装备专项管理与检查记录（范例）

下降器	产品型号：					
	序列号/金属部件：					
	序列号/纺织部件：					
历史检测记录						
生产年份：	购买日期：	首次使用时间：				
P.P.E.检测结果受到下表所列出的检测条件的限制，如待检测装备出现以下任何一种情况应立即淘汰		图样				
① 装备经历过坠落系数为1或更大的坠落冲击 ② 金属产品无具体寿命期限，取决于装备检查的结果						
安全组件的肉眼检测		备注	完好	留意	维修	淘汰
金属部件	固定及移动侧板的状态（划痕、变形、断裂、磨损）					
	摩擦组件的状态（凸轮凹槽、摩擦柱、摩擦通道、磨损指示器）					
	上锁组件的状态（安全开关、铆钉、螺栓）					
	防错误止停齿的状态					
操作性检测						
凸轮弹簧、安全开关的弹力						
侧板开关是否完好						
绳索操作性测试（止停、工作定位、防慌乱功能）						
检测备注						
最终结论：□该装备可继续使用　□该装备不适合继续使用						
本次检测日期：	下次检测日期：					
检测人：	复核人：					

二、装备检测校准

装备器材的检测、校准是装备管理的一项重要工作内容，检验、校准的目的和意义在于保证装备器材的技术性能达到或优于出厂技术指标，保证救援装备无任何安全隐患。

（一）检测、校准的基本原则

(1) 救援装备应送经国家有关部门认证的检测部门进行检测或校准；

(2) 检测方法、检测内容和周期应符合相关标准或生产厂商使用说明书要求；

(3) 检测、校准所用的工具的测值符合国家检测计量标准要求；

(4) 检测时应向检测单位提供装备使用情况记录和需要检测的内容要求；

(5) 检测部门应对检测工具进行先期检测和校准；

(6) 检测部门应对不合格的装备提出修理或报废意见；

(7) 编织类、金属类装备也可根据外观磨损、使用年限、频次、冲坠等综合判断，然后再决定是否送检。

（二）装备器材检测

装备器材检测是依据装备器材出厂说明书，相关规范所规定的程序对绳索装备的外观、技术性能进行检查和测试。如绳索的延展性、拉力，金属类装备的磨损和机械强度，安全带的缝合性能，装备坠落冲击性能等。

（三）装备器材校准

装备器材校准是依据相关规范所规定的条件，对装备器材的计量器具进行校准，保证救援工具检测值、测试数据满足规范要求。如测距仪的距离值校准、拉力计的数值校准、气体检测仪数值标定等。

（四）装备的检验、维护与保养

1. 一般流程

(1) 装备制造商（销售方）须提供装备的详细说明，说明需涵盖装备的检验、保养维护信息，这是一条硬性规定。

(2) 使用方应当建立装备档案，档案需包括装备的基本信息以及检验记录和检验方式。

(3) 绳索装备的检查包含三个种类。所有的检查工作都是确认装备是否能继续使用。包括使用前检查、详细检查以及某些情况下的临时检查。在上述检查过程中发现任何有故障的装备都必须停止使用。

2. 使用前检查

使用前检查包括外观与触觉检验，建议在每天第一次使用前实施。必须对每天的检验做正式的文件记录，有条件的还可以在文件记录中加入核查清单的内容。持续（而不是仅仅在每天开始使用装备的时候）对装备状态进行监控是一种明智的做法。

3. 详细检查

装备的详细检查必须有一个正式、规范的检验流程，必须确保装备在首次使用之前由专业人员对装备进行全面检验，此后的每次检验间隔时间不得超过6个月，或者按照书面的检验计划来实施。检验必须按照制造商的指导来实施，详细检验的结果必须记录。

4. 临时检查

（1）在恶劣条件下使用装备或发生意外安全事故后，必须做进一步检验（临时检验），这个检验就是除详细检验与常规使用前检查之外的临时检验，此类检验必须由专业人员在适当的间隔时间内实施。临时检验的适当时间间隔可以通过以下因素来决定，即装备部件是否有高度的磨损与损耗（例如异常负荷或沙砾环境）或脏污（例如在化学气体中）。临时检验的结果也必须记录。

（2）实施详细检验或临时检验的人员必须有废弃使用装备的决定权，并且有足够的经验和资质，具备独立不失偏颇的做出客观决定的能力。专业人员可以是绳索技术公司内部人员，或者是专业的供应商、制造商或者维修机构专家。

（3）如果对某个装备部件是否可继续使用存在任何疑问，则应当咨询专业人员或者隔离、弃用该装备。

（4）承受较高冲击力的装备，例如高处坠落或有重物掉落在装备上面，应当立即停止使用，并从使用现场撤离。

（5）建议使用者不要对绳索行进装备（这里指任何个人防坠装备）进行负荷测试和论证。

5. 人造纤维制造的装备

（1）所有人造纤维制造的装备，例如绳索、织带、安全带、扁带等，在使用以及检验过程中都必须额外小心，因为这些装备非常容易受到各种因素的损害，部分装备还比较难鉴别。

（2）用于绳索作业装备的人造纤维通常是聚酰胺纤维或者聚酯纤维。某些特殊作业条件下，选用非聚酰胺纤维或者聚酯纤维材料可能更加适合复杂环境需求，但是所有材料都有自身的局限性。

① 高性能聚乙烯纤维或高韧性聚丙烯纤维，在严重的化学污染条件下更加适用，但是聚乙烯纤维与聚丙烯纤维比聚酰胺纤维或者聚酯纤维的熔点低很多，而且更容易受摩擦生热的影响（在温度80℃时聚丙烯纤维就可能发生危险的软化现象）。

② 抗高温的芳族聚酰胺在更适用于高温环境下作业。但是，芳族聚酰胺对磨损、重复的弯曲以及紫外线的耐受力很差。因此，使用者在挑选、使用与检验此类装备时，应当考虑到这些材料的特性，包括熔点、抗磨损、耐弯折、抗紫外线与化学药品以及延展性等。

(3) 紫外线退化是对几乎所有人造纤维影响最大的一个因素。阳光、荧光灯与所有类型的电弧焊都会放射出紫外线，提供紫外线防护的一般方法是在纤维制作阶段加入抑制剂或人为其它方法（使用保护套），即便添加了紫外线抑制剂的人造纤维也尽量减少暴露在日光、荧光灯以及所有类型的电弧焊发出的灯光之下。应当注意的是大多防坠保护装备的适用标准中并没有考虑到产品使用过程中会有潜在的紫外线退化（或磨损），而大多只是考虑了产品最初的强度（含安全系数）。

(4) 暴露于不同的化学品、在不同温度下，人造纤维的反应也各不相同。例如，聚酰胺纤维有良好的抗碱能力，但是这种抗性并不是全面的，并不适用于所有类型的碱性化学品，也不适于所有的浓度或温度。使用者在挑选、使用与检验装备时，应当注意作业环境中涉及到的化学品以及化学品对装备的潜在影响。

(5) 某些材料遇湿后性能会发生变化。例如聚酰胺纤维遇湿时强度降低10%～20%，但这种现象只是暂时的，当材料干燥后强度又会恢复如初。在动力绳索的坠落试验中，如果将动力绳索放在水中浸泡一段时间，则绳索的冲击力与干燥绳索相比要高出最多22%（一般在8%～12%之间）。虽然在潮湿环境下使用由织带或绳索制作的装备无需有任何担心，但是采取一些额外的防范措施也是合情理的，尤其是在接近于装备最大额定负荷时。

(6) 人造纤维制作的部件在保存以及使用前检验时必须仔细检查，可用手做触感及外观检查。对于夹芯绳则应当检查外包物是否有切割处，并可通过手触来感知芯体是否受损。多股扭成的绳索则应当沿着绳长方向取一定的距离间隔打开仔细检查扭曲处，看是否有内部损伤。保护带与织带应当检查是否有切割处、磨损、断裂的缝合处以及过度延展。

(7) 无论是否使用，人造纤维都会随着时间的推移而缓慢老化，而且这种老化会随着承重与动力负荷而加速，但是导致人造纤维制成的装备强度降低最常见的原因是磨损（沙砾作业时，沙砾渗进织带或绳索或者尖利、粗糙边缘的擦损），或者其它诸如切割之类的损伤。

（8）人造纤维制作的装备必须定期仔细检查是否有磨损迹象。此条规定适用于外部磨损与内部磨损。外部磨损一般很容易发现，但是有时候很难确定不利影响的程度。内部磨损一般很难发现，但是一旦发现就是实质性损害，尤其是沙砾已经渗透进外层表面。所有程度的磨损都会降低装备的强度。一般来说，磨损程度越大，所降低的强度也越大，而紫外线退化与磨损结合起来的弱化效果则会更加大。

（9）为降低沙砾的含量，或者只是保持产品清洁，可以将装备放置到清水中（最高温度40℃）用肥皂或柔和的洗涤剂（pH值范围5.5～8.5）将泥沙洗净，然后再用冷水全面冲洗。也使用机械清洗，但建议将装备保存在适当的袋子中，以防护机械损伤。潮湿的装备应当在远离直接热源的温室环境中自然风干。

（10）有时候尽管没有沙砾进入，仅仅是正常使用做弯曲动作时纤维之间的摩擦即可发生内部磨损。对于大多数纤维材料来说，这是一个非常缓慢的进程，并不易察觉。芳族聚酰胺纤维材料就是个特例，此类材料很容易受此类损伤的影响。

（11）与粉尘接触后，人造纤维制作的装备必须进行清洗。具有永久粉尘标记的此类装备应当被视为可疑装备，且应当被停止或放弃使用。试验表明粉尘对聚酰胺纤维有较强弱化作用。

（12）装备有切割或明显磨损的部件应当被弃用。从部件表面可拉出少量环状纤维无需担心，但是要把这少量的纤维处理干净，避免状况进一步恶化。

（13）要避免和任何可能影响装备性能的化学品接触。包括所有的酸性物质与强腐蚀性物质（如车用蓄电池酸液、漂白剂、钻井用化学品以及燃烧物）。如果发生了与化学品接触或疑似接触，装备应当立即停止使用，撤出救援现场。救援中要时刻提高警惕，因为污染可能来自非正常来源，如在法国发生的一起攀爬事故中，蚂蚁分泌的蚁酸的对绳索侵蚀效应被视为登山绳索故障的原因之一。

（14）有光滑表面或熔化区域的绳索、织带或安全带有可能经受过高温，应被视为疑似部件。如果纤维呈粉状或印染过的部件出现色泽变化，这说明部件内部出现了严重的磨损，或者与酸性物质有过接触或者其它的机械损伤，也可能是紫外线退化。绳索的膨胀或变形可以看作是芯体纤维受损，或者外包物内的芯体的移位的征兆。切割、擦损与其它机械损伤会弱化绳索与织带的强度，弱化的程度与受损的严重性直接关联。纱线的松脱或过多的断裂表明内部磨损或有切割处。建议寻求供应商或制造商的帮助，如果对装备的状态有疑问，则应当弃用该装备。

（15）大多数人造纤维都受高温的影响，在超过50℃时人造纤维的特性开始发生变化，随后性能也发生改变。因此要注意避免高温操作（例如炎热天气下的汽车后备厢就可能超这个温度）。

（16）一般来说人造纤维制作的装备不得进行印染，酸性物质印染会导致装备的强度降低最多可达15%。

6. 金属装备

（1）大多数金属装备，例如挂环、上升器、下降器，都是由钢或者铝合金制成，有时候也会使用钛等其它金属材质。铝合金和大多数钢（除不锈钢之外）外表看起来都差不多，但金属的性能却有很大差异，尤其是抗腐蚀性。因此，使用者要清楚了解装备的制作材料，以便采取相关的预防措施，这一点至关重要。

（2）铝合金材质制成的装备通常会做阳极氧化处理，用来保护基本材料不受腐蚀，也可以在一定程度上增加抗磨损性。

（3）绳索装备中使用的不同铝合金材质有不同的特性。一般来说，强度越大的合金越容易受腐蚀，所以在使用、维护与检验时必须小心谨慎，铝合金在接触到海水时尤其容易被腐蚀。

（4）不同金属之间的接触会导致电化学腐蚀（电解作用的结果），尤其是在潮湿状态下，这也是为什么装备不得在潮湿状态下保存的原因之一。电化学腐蚀可以影响很多金属，包括铝和某些不锈钢，并且会导致保护层（例如镀锌）的快速解体。应当避免不同金属的长期接触（铜和铝），尤其是在潮湿状态下，特别要注意海上作业环境。

（5）某些处于拉伸应力并且在腐蚀环境下的金属会出现表面的裂痕，这就是所谓的应力腐蚀破裂，这种破裂随着时间的推移而显现（有时候得很多个月以后才显现），这更加证明了定期装备检验的必要性。

（6）全金属制作的装备可以通过在含有洗涤剂或皂液的干净热水中浸泡来清洗，但不得使用高压蒸汽清洁装置，因为温度可能会超过建议的最高温度100℃，更不能使用海水来清洗装备。装备清洗完后，必须在干净的冷水中全面冲洗，然后在无直接热源的环境中自然风干。

7. 头盔

应当检查头盔的外壳是否有裂痕、变形、重度磨损、刮伤与其它损伤，应当检查下颚带与托架是否有磨损，缝合区或铆合区之间的连接点的安全性，任何出现故障的头盔必须停止使用。由聚碳酸酯制作的头盔尽量不要私贴标签，因为某些粘胶标签所使用的溶剂可能会对聚碳酸酯有不利影响。

8. 装备的消毒

装备的消毒是很有必要的，例如在下水道作业后必须对装备进行消毒，一般情况下按照之前所描述的清洁方式操作就足够了。在选用消毒剂时一般要考虑两种因素，即减少疾病的有效性以及（经过一次或多次消毒后）是否会对装备产生副作用。消毒完后，必须在干净的冷水中全面冲洗，然后在无直接热源的房间内自然风干。

9. 暴露在特殊环境下的装备

如果是在海上环境使用，则装备必须在干净的冷水中长时间浸泡，然后在无直接热源的温室内自然风干，并在入库储存前检验。

10. 装备的存储

装备在经过了必要的清洗与干燥后，要存放在一个凉快、干爽、光线较弱、化学中性的环境，远离热源、高湿度、尖利边缘、腐蚀性物质、啮齿动物、蚂蚁（分泌蚁酸的蚂蚁）或其它可能导致装备损坏的因素。装备不得在潮湿状态下储存，防止真菌感染或腐蚀。

11. 报废装备的处理

必须建立装备报废前的隔离流程，以确保出现故障的或疑似故障的装备立即停止使用，在未经检验并取得专业人员的确认之前，不得再次使用。装备在检验中发现故障，或者明显损坏，则该装备必须停止使用，等候进一步检验或维修。装备应当做好不适合使用标记，如果无法维修，则必须销毁，以确保不会被再次使用，并立即更新记录。

12. 使用寿命

（1）如果不做损毁测试，一般很难了解装备的退化程度（尤其是人造纤维制作的装备）。因此，建议设定一个装备最大使用期限，超出此期限后该装备不得再使用，这个期限就是使用寿命。在决定使用寿命时应当参考装备制造商提供的信息，同时要保存装备的使用记录（完整记录了装备的使用状态），这对判断设定装备的使用寿命期限非常有帮助。

（2）某些装备的制造商在装备出厂时给出了装备的使用寿命（淘汰日期）。已达到规定使用期限的装备应当停止使用，并且立即更新记录。

13. 装备的改动

没有获得制造商或供应商的事先书面同意，装备不得进行改动，因为装备性能可能由此而受到影响。

第三章

绳索技术基础理论

第一节 绳索技术基础理论知识

一、高空作业的定义

1. 国内高空作业的定义

凡在坠落高度距基准面超过2 m或对于虽在2 m以下，但作业地段坡度大于45°的斜坡，斜坡下面或附近有可致伤害的因素，均视为高处作业。

2. 国际高空作业的定义

任何可以让人体坠落而导致受伤的情况，包括任何高度的工作情境，也包括进入与离开工作地点的通道。

二、高空作业方式

高空作业属于特种作业，进行高空作业前需经过专业的培训并取得相关部门的资质证书。

（1）脚手架。脚手架是土木工程施工的重要设施，是为了保证高处作业安全，顺利进行施工而搭建的工作平台或作业通道，是常见的高空作业方式。

（2）吊篮作业。高处作业吊篮是指悬挂机构架设于建筑物或构筑物上，用提升机驱动悬吊平台，通过钢丝绳沿立面上下运行的一种悬挂设备。分为非常设设备（临时架设在建筑物或构筑物上）和常设设备。

（3）高空作业车。高空作业车一般设有变幅机构、回转机构、平衡机构和行走机构。依靠变幅机构和回转机构实现载人工作平台在水平和垂直方向的移动，依靠平衡机构实现工作平台和水平面之间夹角保持不变，依靠行走机构实现工作场所的转移。

（4）绳索技术。绳索技术是一套利用绳索配合安全带及其它器材，作为作业人员高空自我保护和限位、定位的技术方法。主要是通过绳索和安全带等个人装备承受人体重量、限位安全保护，使其可以专注于工作的技术方法。

三、高空作业的保护措施

（1）隔离。用栏杆、栏网、围墙等结构设施将人员与存在坠落的风险区隔开，防止人员进入存在坠落风险的区域。

（2）限制工作范围。通过使用个人保护装备来限制人员进入危险区域的方式。通过使用限制工作范围的措施，防止人员靠近可能发生坠落的区域。

（3）坠落制停。确保坠落人员在发生坠落瞬间或坠落过程中自动止停的保护系统，避免人员撞击地面或附近结构。

（4）绳索技术。当需要主动接近存在坠落风险的区域时，利用绳索保护装备来承受人体的重量或限位、定位保护作业人员，保证人员安全、自由进出存在坠落风险的区域。

第二节　高空绳索技术基础知识

一、高空绳索技术的定义

（1）高空绳索技术是一套利用绳索及配套保护装备不同组合运用，在高空环境进行作业的专业技术，包括上升、下降、辅助攀登等，人员可以更有效、更安全地接近一些传统技术方式难以到达的位置。

（2）工业高空绳索技术主要从早期的探洞单绳技术发展而来，经过不断的技术调整和改良，发展成现在比较成熟的双绳技术系统，成为当前用于高空作业环境较为普遍的专业技术。

二、高空绳索救援技术的定义

高空绳索救援技术是指利用绳索及配套装备的组合运用，在高空、峡谷、洞穴等复杂环境中，将伤者或被困者从被困环境转运至相对安全环境的专业救援技术。

三、突然死亡原则

在绳索作业操作中，人只可以操作系统，绝不能将自己作为绳索系统的一部分。突然死亡是指在绳索系统的保护下，由于某种不确定主观或客观因素，导致操作者突然失去意识，致使绳索系统瓦解，导致操作人员从高处突然坠落造成死亡或受伤。

例如：操作者使用自动制停下降器，若受意外伤害突然失去意识，双手自然无力并放松，自动制停下降器立即止停或停止工作，操作人员悬停在空中，没有发生坠落伤害，这种情况就是遵守绳索作业突然死亡原则。

例如：操作者使用8字环下降，若受意外伤害突然失去意识，双手自然无力并放松，8字环不能止停或自动停止下降，绳索下降系统崩溃，致使人员坠落死亡或受伤。这种情况就是违反了绳索作业突然死亡原则。

四、安全系数

安全系数（Factor of Safety）是工程结构设计方法中用来反映结构安全程度的系数。安全系数的确定需要考虑荷载、材料的力学性能、试验值和设计值与实际值的差别、计算模式和施工质量等各种不确定性。

（1）通常情况下，绳索技术中使用到的器材会设定一个工作负荷上限（WLL）数值。

（2）金属类器材取其最低断裂负荷（MBS）的1/5，也就是金属类器材预留了5倍的安全系数。

（3）纺织类器材取其最低断裂负荷（MBS）的1/10，也就是纺织类器材预留了10倍的安全系数。

五、坠落系数（FF）、坠落距离与相关风险

（1）坠落的高度除以使用的有效绳长即为坠落系数。通常情况下坠落系数不应大于1。

（2）了解坠落系数及其影响，对于使用绳索在高空环境作业和救援非常重要。了解坠落系数的影响才能更准确地选用合适的装备和合理的技术，并在潜在风险不能及时消除时能够迅速更换其它方法。

（3）如图3-1所示，表示了连接在同一个稳固水平锚点的三个处在不同垂直位置人员的坠落系数情况（这里所述的水平稳固锚点仅用于图示，并不表示实际中这种固定方式百分之百稳固）。

如果人员处在图3-1左侧位置，那么坠落产生的后果会比处在图中间和右侧所示位置坠落带来的伤害要轻得多。下坠的过程非常短暂，对使用者和锚点的冲击力也相对较小。

（4）计算和掌握潜在的坠落距离、坠落系数并不十分容易，在某些情况下，潜在的坠落距离与可能受到的冲击力会在未意识到的情况下成倍增加。例如，使用扁带环或者钢丝绳绕过构造物并通过一个主锁连接制作的锚点，使用者将挽索（牛尾）挂接至此锚点。如果使用者在锚点的上方移动（不建议），则锚点的扁带（钢丝绳）会比其自然悬垂位置要高，如图3-2所示，反

图3-1　坠落系数关系图

说明：上图左侧人员坠落系数约为0；
上图中间人员坠落系数约为1；
上图右侧人员坠落系数约为2。

图3-2　高坠落系数图示

而增加了潜在的坠落距离。

（5）可能增加坠落距离的情景：如果锚点挂接在构造物上并可以自由滑动，如塔架类结构的垂直断面或对角截面（不推荐），如图3-3所示。这种情况除增加了坠落距离外，还有可能出现因不正确的受力导致主锁（连接件）损坏的危险。

（6）任何时候都应将坠落系数保持在尽可能低的数值，确保在发生坠落时能给使用者带来的冲击力降至最低，这一点非常重要。

（7）坠落发生时，使用者承受的冲击力不仅取决于坠落的距离，同时还取决于连接部件的特性，尤其是缓冲吸能特性。缓冲吸能特性非常重要，尤其是在高坠落系数环境下，缓冲吸能特性应当保持在可接受的范围内（各个国家标准不一样）。但由于使用缓冲装置而带来的延长坠落距离的特点（势能吸收器/缓冲装置工作时展开的长度距离），也可能带来额外的风险。

图3-3　常见的增加坠落距离风险场景

六、悬吊创伤/悬吊耐受性差

注意：本章节给出的建议为本书出版之时已知的最佳做法。负责制定营救计划与实施营救行动的人员必须要了解当前最新的技术和方法。

（1）悬吊耐受性差是指悬吊人员（如身穿安全吊带）出现的可能导致人体无意识甚至死亡的某些不良症状的一种状态。出现这种状态的原因是身体无法长时间耐受直立姿势，特别是以直立姿势悬吊并保持身体静止不动的悬吊人员，如受伤导致无意识或者长时间在担架中垂直固定的人员。

需要注意的是，悬吊耐受性差包括悬吊创伤、直立耐受性差、安全带诱导病变等。

（2）通常认为悬吊创伤只会发生在发坠落后被悬挂数小时的人身上。但有的被悬挂人员在坠落获救11天后仍不幸身亡，医疗专家推测死亡的原因是悬吊耐受性差。曾经也有困在绳索上的洞穴探险者在获救不久后就死亡的案例，这些死亡案例的原因也再次被怀疑为悬吊耐受性差间接或直接导致。在救援演练中也有假扮无意识的伤员出现悬吊耐受性差的部分症状。在临床实验中，实验者身穿安全带以直立姿势悬吊且身体保持静止不动，或者实验者被要求不要移动身体情况下，大多数实验者都出现了悬吊耐受性差的症状。

(3) 移动大腿等肌肉运动有助于静脉血管里的血液循环回心脏。当身体处于静止状态时，这些“肌肉泵”无法运行，如果身体长时间处于直立姿势，会导致大量的血液淤积于腿部静脉血管中。静脉血管中出现大量血液的情况称之为静脉血淤积。

(4) 静脉系统中留存大量血液就自然减少了血液循环的量，并导致循环系统紊乱，这会导致大脑供血的显著减少，并出现昏眩、恶心、呼吸困难、视线模糊、脸色苍白、眼花、麻木、局部疼痛、潮热等症状。被困人员最开始血压升高然后血压降至一般水平以下，这种症状称之为昏厥前兆，如果这种状态未被察觉，则很有可能导致人员失去意识（昏迷或者昏厥）并最终导致死亡。还有可能导致其它非常依赖稳定供血的器官（如肾脏）受损，并可能带来非常严重的后果。总之，即便是非常健康的人也可能受到悬吊耐受性差的影响。

(5) 大腿的正常移动（如上升或者在绳索上随意移动）可以激活肌肉，从而将静脉血淤积的风险降至最低。建议穿着安全带时，腿环要保证有足够的宽度和空间，并且易于调整，以减小压强分散受力，减少血液流经大腿静脉血管时可能遇到的阻碍。如果需要保持某个姿势较长时间时，建议考虑使用工作座椅装置。

(6) 绳索技术人员应具备识别悬吊昏厥前期症状的能力。无法行动且头朝上悬吊的人员，大多数正常的试验者会在60分钟内、20%的试验者在10分钟内出现昏厥前期的症状。

(7) 营救期间与完成营救后，应当按照标准的急救程序来指导操作，尤其是气道、呼吸与循环管理（ABC）等重点方面。伤情的评估还要注意不明显的伤势，如颈部、背部与关键内脏器官的损伤。

(8) 根据英国卫生与安全实验室（HSL）2008年所做的研究与评估中给出的建议（HSE/RR708悬吊创伤急救措施当前指南询证性审核），意识完全清醒的伤员应当平躺，半清醒的或无意识的伤员应当放置在复原体位（也称为开放气道体位）。

(9) 所有身穿安全带处于悬吊状态，且无法行动的伤员，应当立即送往医院接受进一步专业的医学救治与观察，同时应当告知医疗人员伤员可能受到悬吊耐受性差影响。

七、团队绳索救援技术名词解析

1. 提拉系统

大多数情况下，我们无法搬起一个超过自身重量三分之二的物体，这时就需要借助外力或者装置才能实现搬运重物的目的，如吊车、起重机、手拉葫芦等。

绳索救援技术中，通常会使用绳索、滑轮以及其它绳索设备综合运用，组建省力系统来转移“伤者”，这种系统称为提拉系统（拖拉系统），如图3-4所示。

如图3-4所示，运用绳索技术提升物体，有非常多的组合方式，也会使用较多器材装备，每个器材在系统中的发挥的作用各不相同。下面将系统拆分，逐一进行介绍。

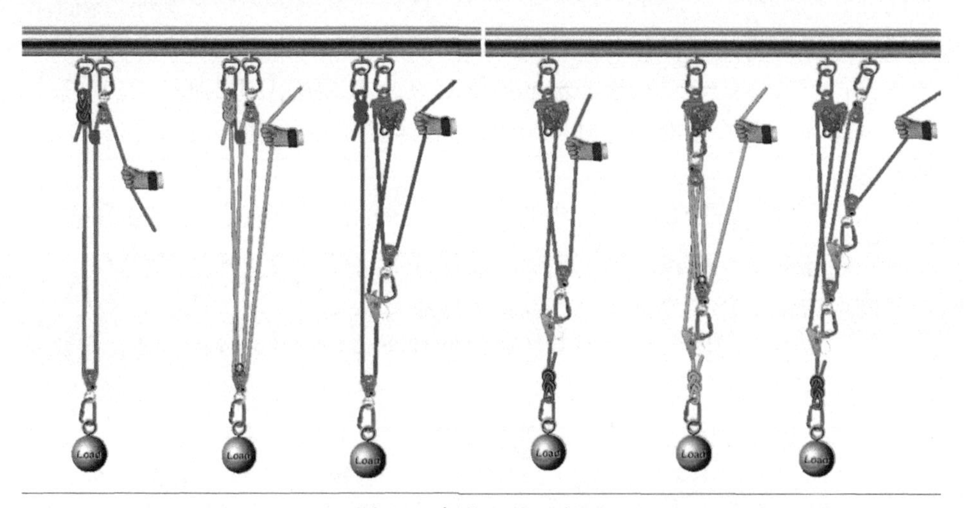

图3-4　提拉系统示意图

2. A-BLOCK系统

这是防止绳索回跑的装置系统。使用绳索倍力系统提升重物时，绳索通过滑轮等装置与重物连接，如果持续拉力停止（如操作人员松手），重物会在地心引力作用下往地面方向掉落，带动绳索往重物方向回跑，造成灾难性后果。因此为了防止绳索回跑（阻止重物掉落），可以在上方锚点处安装一套A-BLOCK来防止绳索回跑。A-BLOCK可以使用自动止停下降器装备，也可以用滑轮装置及抓绳组合运用的方式代替。

例如：滑轮加抓结、滑轮加手持上升器、Clutch、ID’s、单向滑轮、MPD等，如图3-5所示。

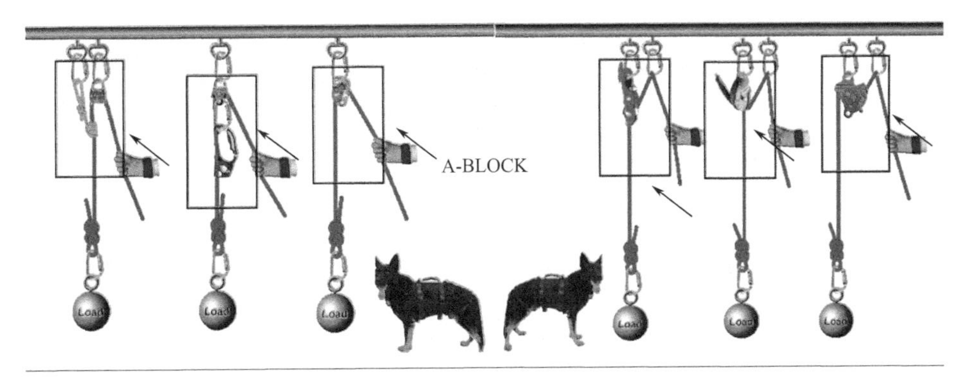

图3-5　A-BLOCK系统示意图

3. B-BLOCK系统

在系统中重新定位一个重物拖拉点，可任意移动并给提拉系统提供倍力（增益）的装置。通常由抓绳器、主锁和滑轮组成，如图3-6所示。

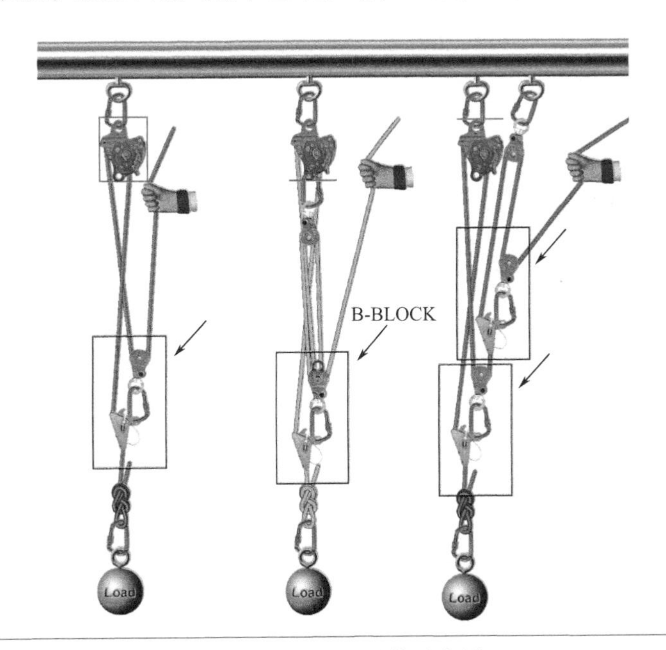

图3-6　B-BLOCK系统示意图

4. 根据系统中使用A-BLOCK的不同，可以将提拉/下放系统分为全解除系统和半解除系统

（1）全解除系统：A-BLOCK由自动止停下降器组成。在提拉转为下放过程中，仅需拆除B-BLOCK，直接操作A-BLOCK就可将重物释放。

（2）半解除系统：A-BLOCK由滑轮、锁扣、抓绳器组成。在提拉转为下放过程中，需借助外力使A-BLOCK松弛，才能将重物释放。

5. 主副绳系统（DMDB）

主副绳系统由两条绳索组成（低弹性绳，也称静力绳）。其中一条绳索负责承重，另一条绳索做确保（备份）。

6. 双受力绳系统（TTRS）

双受力绳系统由两条绳索组成（低弹性绳）。两条绳索同时承重，互为确保（备份）。

7. 直接提拉（拖拉）、间接提拉（拖拉）

（1）直接拖拉是指直接使用绳索连接重物，设置滑轮拖拉系统进行提拉的方法。采用此方式进行拖拉时有两个基本条件，一是要有足够绳索本身的长度，二是执行拖拉前绳索是不承重的松弛状态。

（2）间接拖拉是指重物处于悬吊状态，绳索上方并未安装可释放锚点，需要将重物由下往上转移的情况。这时需要额外架设一组提拉系统，通过抓绳装置与承重绳连接，以此来实现重物提拉，如图3-7所示。

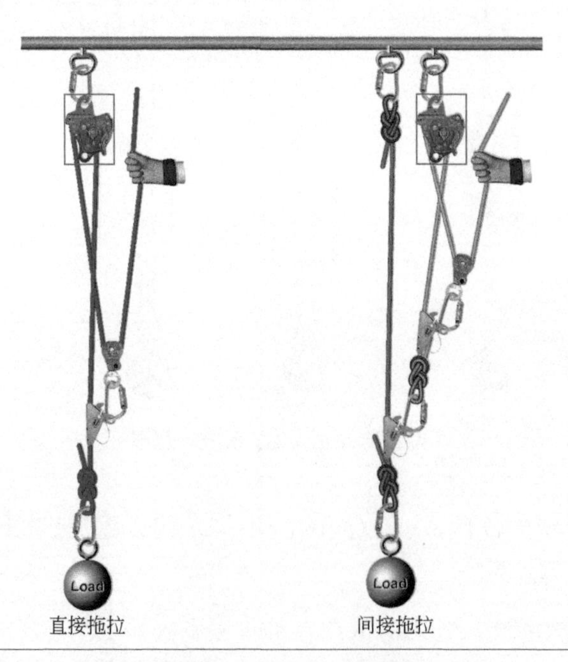

图3-7　直接拖拉与间接拖拉系统示意图

八、滑轮系统的倍力计算法则

可采用张力计算法（张力追踪法）计算提拉系统倍力数值。

1. 理想省力比（IMA）

拉力作用于绳索上，再经滑轮等装置后传递到重物，在不考虑摩擦力等损耗因素的理想情况下，从施力绳端开始，假设施加一个单位的拉力，假定绳索通过滑轮时没有任何效能损失。在结点/滑轮处，绳索“下游”力量为“上游”传输力量的总合力，负载端与施力端的力比即为理想省力比。

举例说明：如图3-8所示为3：1省力系统。

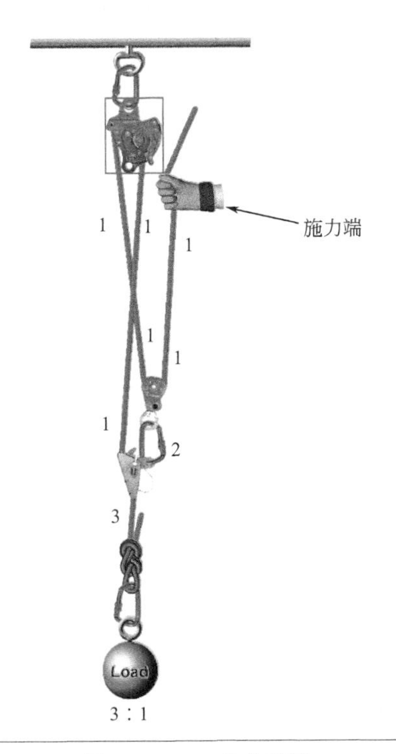

图3-8　3：1省力系统

2. 实际省力比（RMA）

理想省力比是不考虑任何损耗因素的情况下进行计算的，实际情况往往会有很多因素影响提拉系统的效能，如滑轮的效率、滑轮的数量、不同效率滑轮的安装位置、摩擦因数等。目前，只有摩擦因数没有办法精确计算，其它因素都可以大约计算。

滑轮根据结构的不同可分为两种：滚珠轴承滑轮（效率高）和自润套轴滑轮（效率低），两种滑轮效率不同。不同厂家生产的同类滑轮效率也会不同。滑轮的效率影响系统的整体效率，通常情况下高效率滑轮组成的系统比低效率滑轮组成的系统效率要高。

下面举例说明滑轮的数量和不同效率滑轮安放的位置对系统效率的影响。

（1）滑轮的数量对提拉系统省力比的影响：架设两组理想倍力为3∶1的提拉系统。假设图3-9使用的滑轮效率都是90%，A-BLOCK都使用同一型号的MPD，假设MPD的效率为90%。图3-9右侧的系统比左侧的系统多使用了一个滑轮，其理想效能比如图3-9所示。

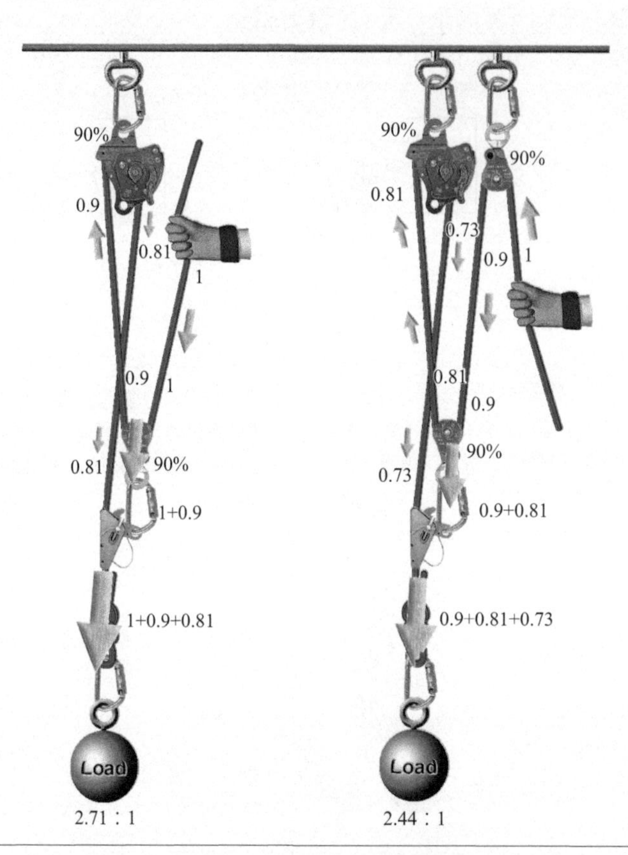

图3-9　理想与实际效能比对比

如图3-9所示，理想状态下的省力比都为3∶1提拉系统。左侧的实际省力比为2.71∶1，右侧为2.44∶1。由于右侧多增加了一个转向滑轮，增加了滑轮的数量，导致系统整体的省力比降低（系统效率降低）。所以，同一理想省力比的系统，使用的滑轮数量越多反而会降低系统的整体省力比。

(2) 不同效率滑轮安装的位置对系统省力比的影响：架设两组同样是理想省力比为3：1的提拉系统，使用两种效率的滑轮，一种滑轮的效率为90%，另一种滑轮的效率为70%。每组系统使用同一型号的MPD作A-BLOCK，各设置一个90%和70%的滑轮。两组系统滑轮安装的位置互换，其不同效率滑轮的效能比如图3-10所示。

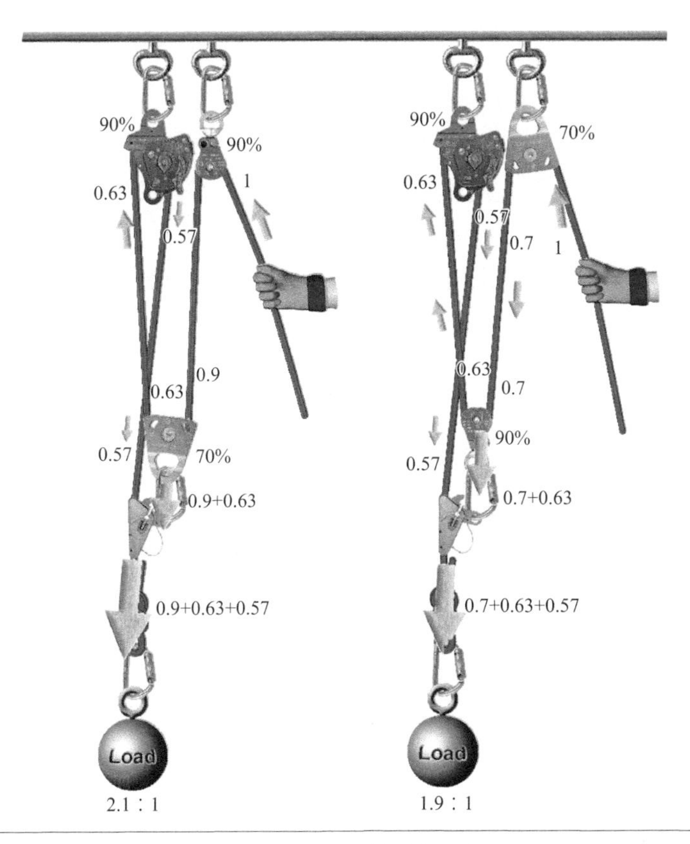

图3-10　不同效率滑轮的效能比

通过计算可以得出：同一理想省力比的提拉系统，当使用的器材数量相同，滑轮效率不同时，效率高的滑轮越靠近施力端时，得到的系统省力比越高。

九、绳索救援技术中的基础力学知识

力学是一门基础学科，又是一门技术学科，它是研究能量和力以及它们与固体、液体及气体之间的平衡、变形或运动的关系。力学可分为静力学、运动学和动力学三部分，静力学研究力的平衡或物体的静止问题；运动学只考虑物体怎样运动，不讨论它与所受力的关系；动力学讨论物体运动和所受力的关系。现代的力学实验设备，诸如大型的风洞、水洞，它们的建立和使用本身就是一个综合性的科学技术项目，需要多工种、多学科的协作。

本章节只探讨绳索技术中的力的平衡或物体的静止问题，也就是静力学。静力学的全部内容是以几条公理为基础推理出来的，这些公理是人类在长期的生产实践中积累起来的关于力的知识的总结，它反映了作用在物体上的力的最简单、最基本的属性。这些公理的正确性是可以通过实验来验证的，但不能用更基本的原理来证明。

1. 公理：力的平行四边形法则

作用在物体上同一点的两个力，可合成一个合力，合力的作用点仍在该点，其大小和方向由以此两力为边构成的平行四边形的对角线确定，即合力等于分力的矢量和。

此公理给出了力系简化的基本方法，平行四边形法则是力的合成法则，也是力的分解法则。

2. 公理：二力平衡公理

作用在物体上的两个力，使物体平衡的必要和充分条件是两个力的大小相等，方向相反，作用线沿同一直线，如图3-11所示。

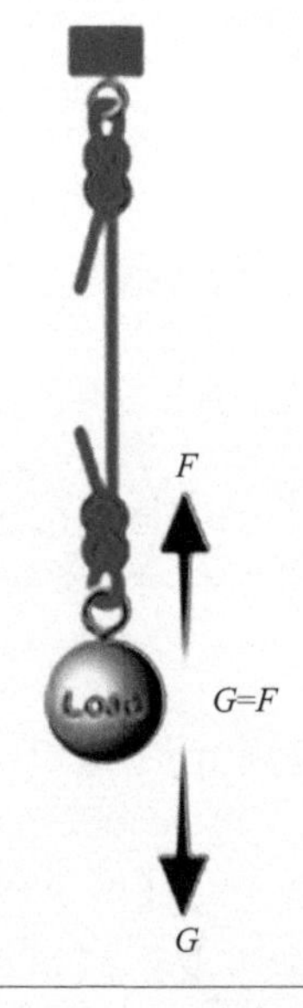

图3-11　二力平衡公理

如图3-11所示，重物受自身重力以及绳索的拉力保持平衡，重力G与绳索的拉力F大小相等，方向相反，且作用线沿同一直线。

3. 公理：三力平衡公理

当物体受到同平面内不平行的三力作用而平衡时，三力的作用线必汇交于一点，并且任意两个力的合力与第三个力大小相等、方向相反，如图3-12所示。

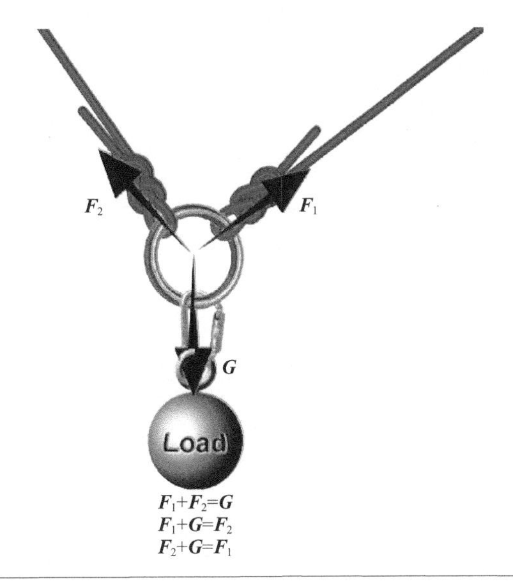

图3-12　三力平衡公理

为什么进行力的合成？实则是为了减少力的个数，更方便运算，把三个力变成两个力，四个力变成三个力等等。

4. 力的合成规则：平行四边形法则

力是一个矢量，矢量跟标量的运算规则完全不一样，标量是简单的代数加减运算，比如说质量1kg+1kg=2kg，那么对于矢量而言1N+1N未必就是2N。

5. 合力与分力之间的联系

举个简单的例子，一桶水两个人把它抬起来，此时这桶水受到两个力的作用，而一个人把它抬起来了，此时这桶水受到一个力的作用，但是这一个力的效果跟前面两个力的效果是相同的。所以合力和分力之间是等效替代关系，把两个力合成一个力的过程就叫做力的合成。

平行四边形法则：平行四边形法则是数学的一个定律。两个向量合成时，以表示这两个向量的线段为邻边作平行四边形，这个平行四边形的对角线就表示合向量的大小和方向。如图3-13所示。

图3-13　平行四边形法则

一个力F_1，一个力F_2，怎么合成呢？以F_1和F_2作为平行四边形的两边构造一个平行四边形，那么平行四边形的对角线就是F_1和F_2的合力。

注意：矢量运算需先画出比例尺，常见的矢量有：位移、速度、力、磁场等，力的合成是具有唯一性的。

特点：分力大小一定时，随着夹角的增大，合力减小。

6. 已知合力和一个分力的大小和方向，则另一分力可以确定

此时相当于给定了平行四边形的对角线和它的一条边长和方向，那么平行四边形的另外一边可以确定。

7. 已知合力和两个分力的方向，则两个分力的大小可以确定

简化力的方向：力的分解也可以采用正交分解法，相互垂直的两个方向进行分解，如图3-14所示。

如图3-14所示，将F_1分解成水平和竖直两个方向F_{1x}、F_{1y}，同样F_2分解成F_{2x}、F_{2y}。这样就相当于这个物体受到5个力的作用。力的个数变多了，但是力的方向变规整了，只有水平和竖直两个方向，让运算变得更加容易。如果这个物体是平衡的话，合外力需等于0，即水平方向上的合力以及竖直方向上的合力为0。

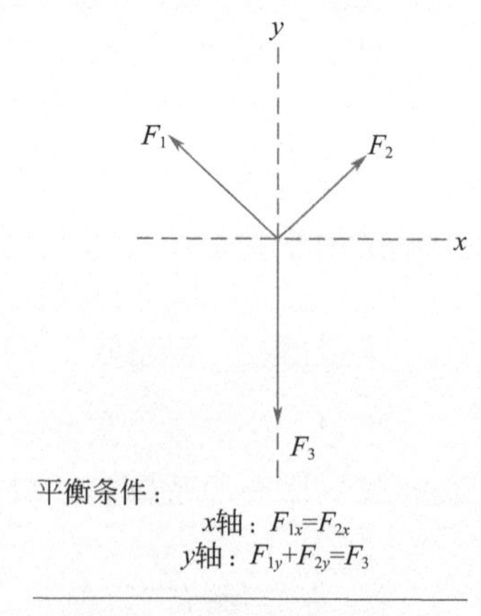

图3-14　力的分解示意图

第四章

绳索技术基础技能

第一节　常用绳结

绳结是指利用绳索的端头或中间任意位置实施绳与绳连接或固定物体作用的各种结的统称。绳索技术中涉及不同类型、不同作用的绳结，虽然绳结会降低绳索的整体强度（在选取绳索时要考虑这个因素），但有能够吸收冲击力的优势，部分绳结的缓冲吸能能力较强，如擅长缓冲吸能的桶结，常用于绳索的端头作为防脱结。

绳索技术人员必须会制作、布置常用的绳结，并且具备能够在复杂环境甚至黑暗环境下正确、快速完成绳结制作的能力。

一、绳结选用的基本要求

在选择适当的绳结时，绳索技术人员应当考虑以下因素：

（1）自己制作绳结的技能水平；

（2）绳结是否适合任务需要，以及预期的负荷方式，包括可能潜在的受力情况；

（3）绳结带来的强度损失；

（4）制作与解开绳结的难易程度；

（5）如有特殊要求，还需要考虑绳结通过或穿越潜在障碍的能力（如绳结通过滑轮）；

（6）绳结制作完成后，所有绳结的尾绳必须至少有10倍绳索直径的长度（通常要求至少长10cm），钢丝绳不得打结使用。

二、常用绳结的强度损失

根据绳结的类型、制作的整齐度情况，绳结所造成的绳索强度损失也各有不同。绳结制作完毕后，一定要确保绳结位置的绳索平行且系紧。一个整理好的绳结与杂乱无章的绳结相比，在强度损失上通常会有高低之分。

（1）桶结：23%与33%；

（2）双股八字结（单绳环八字结）：23%与34%；

（3）双股九字结：16%与32%；

（4）单结：32%与42%；

（5）兔耳结（双绳环八字结）：23%与39%；

（6）蝴蝶结：28%与39%；

（7）称人结（布林结）：26%与45%。

图4-1　八字结

三、绳索技术中常用的绳结

（1）八字结：具有非常好的稳定性，绳结自行松脱的可能性小，通常用于锚点制作。包括单股八字结、双股八字结、对穿八字结，救援中要根据实际需求选用不同的绳结（图4-1）。

图4-2　兔耳结

（2）兔耳结：又称双绳环八字结。由双股八字结演变而来，体积相对较大，受力后不容易解开，通常用于分力锚点的制作（图4-2）。

（3）蝴蝶结：又称阿尔卑斯蝴蝶结或工程蝴蝶结。主要特点是可以三向受力，通常用于分力锚点的制作，以及绳索中间位置缺陷时的隔离（图4-3）。

图4-3　蝴蝶结

（4）称人结：又称布林结或腰结。通常用作安全保护，其特点是绳结制作完毕后会留有一个固定大小的绳环，其稳固性不如八字结，制作完成后要用尾绳打半结加固（图4-4）。

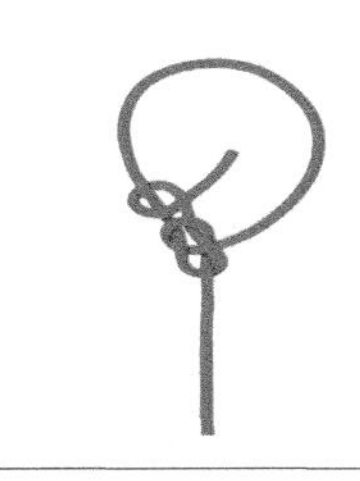

图4-4　称人结

（5）桶结：最大的特点是制作完成后，绳圈在受力后会越拉越紧，一般用于自制牛尾绳（图4-5）。

四、绳索连接

当绳索的长度不够，或者需要制作绳环时，则需要将不同的绳索连接起来。绳索连接的方式方法非常多，这里推荐以下几种经过权威测试，以及长时间使用验证过的绳索连接方式。

图4-5　桶结

1. 反穿8字结连接（图4-6）

图4-6　反穿8字结连接

2. 双渔夫结连接（图4-7）

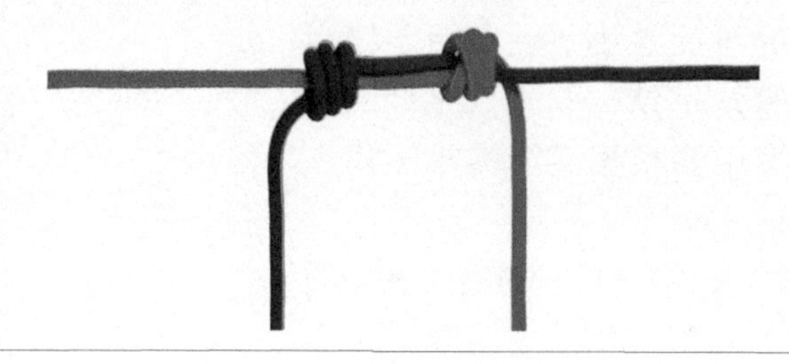

图4-7　双渔夫结连接

3. 反穿单结连接（图4-8）

图4-8　反穿单结连接

第二节　锚点技术

锚点是绳索技术的关键，必须牢固可靠。锚点的制作需要有中级以上资格的人员来操作实施。选取、架设锚点时，应当遵循双重保护原则，通常情况下至少需要两个锚点。根据工业高空绳索技术协会的要求，所有锚点系统的静力强度都至少要达到15kN以上，如结构性钢架、自然地貌或大树等单个构造物，都有足够的强度来做锚点（强壮锚点）。

15kN数值的确定是基于假设绳索技术人员的体重加上装备总共100kg（防坠装备产品测试时使用的一般标准重量），在选取最低要求安全系数为2.5的情况下，操作人员发生坠落时所能承受的最大冲击力不得超过6kN。因此所有锚点系统的静力强度，除偏离点锚点以外，都至少要达到15kN。

偏离点锚点的静力强度可以低于15kN，但仍然要能足以承担可能加载的负荷（可能加载的负荷需要根据偏离的角度计算）。目前，国际上在救援领域普遍认同的强壮锚点的最低静力强度为36kN。

本书建议单人使用的锚点系统最低静力强度应达到15kN，执行团队救援任务的锚点系统最低静力强度应达到36kN。绳索技术人员要有能力在不同环境中建立足够强度的锚点系统。锚点系统通常由扁带环、主锁、绳结和绳索组成。分为基础锚点系统、分力锚点系统、均力锚点系统、大型构造物锚点系统、无强度损失锚点系统、后方预紧锚点系统、地锚系统、交通工具锚点系统、特殊方式架设的锚点系统，以及可回收锚点系统。

一、基础锚点系统

架设锚点系统的结构需要足够的强度（结构性钢架或者大树）。架设基础锚点系统时有以下两种方式，如图4-9所示。右图将绳索分别连在构筑物上，左图将绳索合并连在构筑物上。两条绳索相互连接在一起时，可以将每个锚点出现故障的可能性降至最低，并在其中一个锚点器材出现故障时，第二个锚点器材受到的冲击力也是最小的，但使用的锚点器材须为相同的品牌和型号。

如图4-9所示，两种基础锚点系统的做法都可行。

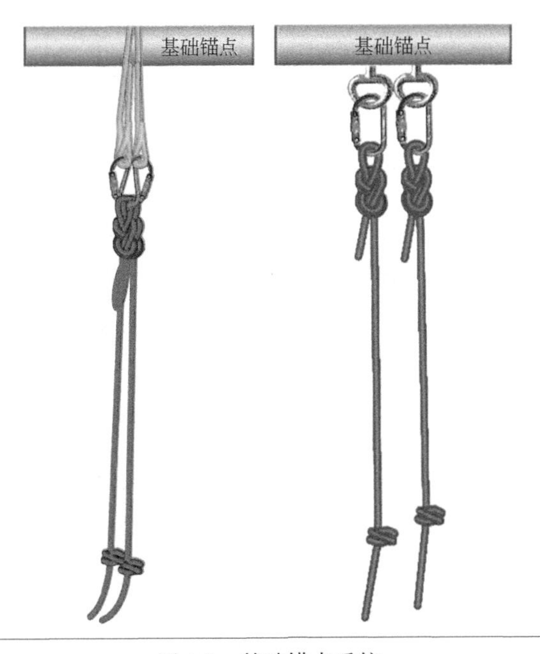

图4-9　基础锚点系统

二、分力锚点系统

1.“Y”型锚点系统

使用挂片或者其它类型的临时锚点时，如果单个锚点的强度不够，可以通过连接同等负荷的两个或者多个锚点器材来达到所要求的最低锚点系统强度。可使用兔耳结，或者使用双股八字结与蝴蝶结结合。通过绳索连接的两个锚点所形成的角度（简称Y角）越小越好，通常不超过90°，角度越大，单个锚点承受的拉力越大。根据实际情况Y角超过90°时，必须考虑到锚点、锚点绳索终端以及系统内其它组件承受的负荷情况，Y角禁止超过120°，如图4-10所示。

涉及到绳索系统的角度选择，需要中级以上的人员评估指导。有关角度与受力的分析请参考本书“双绳团队技术的基础理论知识”章节。

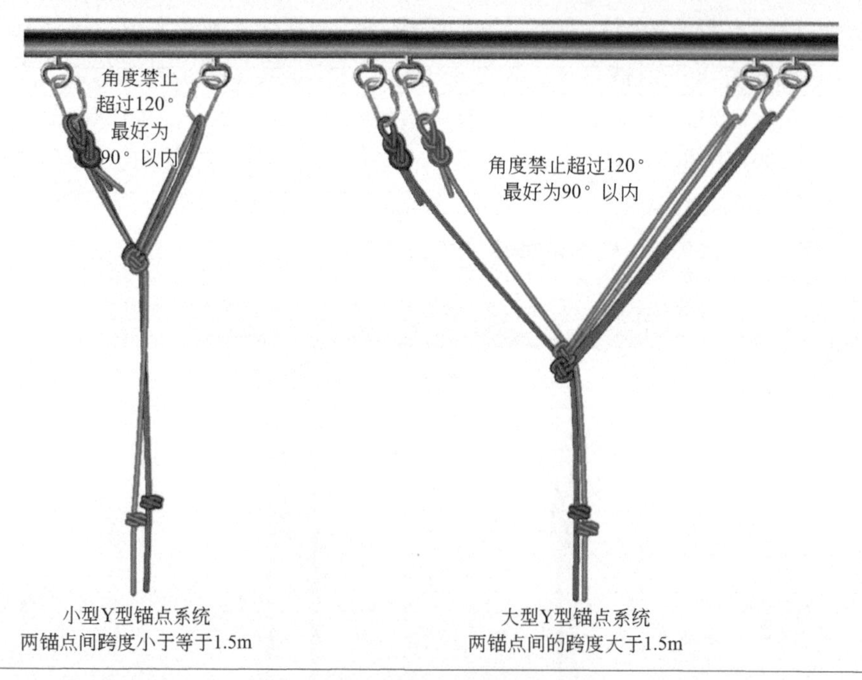

图4-10　常见的Y型锚点系统

如图4-10所示，两锚点间距不超过1.5m时，两边使用单锚点（扁带）和单主锁与绳索连接。两锚点间距超过1.5m时，单边锚点失效将带来较大的摆荡，较大的摆荡可能给操作人员带来致命的伤害，也可能给另一侧的锚点带来致命的冲击力，这种风险是不可接受的。因此当两锚点的间距超过1.5m时，两侧需采用双锚点（扁带）和双主锁与绳索连接。

大型Y型锚点系统的另一种架设方式，如图4-11所示。

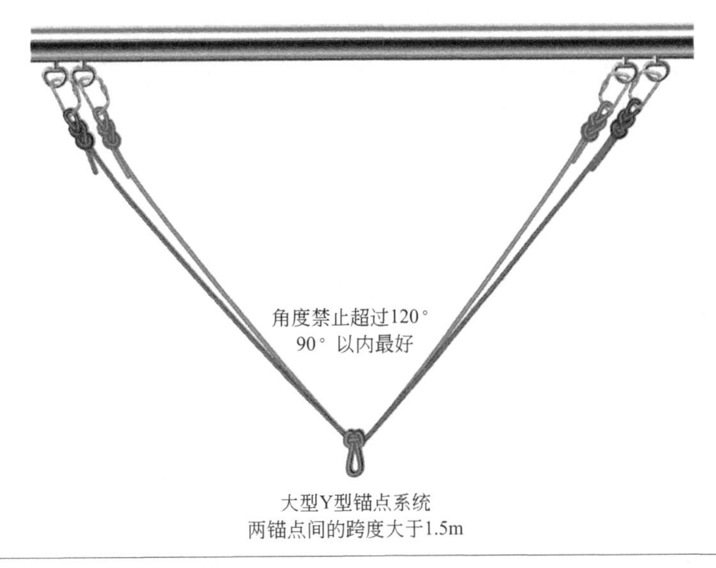

图4-11　大型Y型锚点系统

2."蜘蛛"锚点系统

蜘蛛锚点系统原理与Y型锚点类似，单个锚点的强度不足时，可连接两个以上的锚点来达到所要求的最低锚点系统强度。常用蜘蛛锚点系统的做法，如图4-12所示。

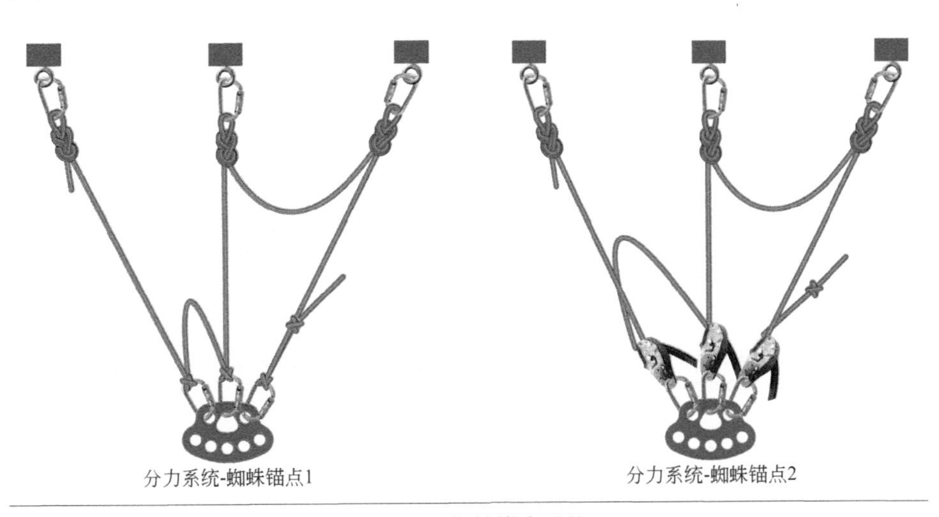

图4-12　蜘蛛锚点系统

图4-12所示，“蜘蛛”锚点系统由绳索、分力板、主锁、卷结和下降器组成，其中左图使用卷结来调节“蜘蛛腿”的长度，并让蜘蛛锚点系统的每条“腿”都受力。右侧使用自动制停下降器来调节“蜘蛛腿”长度，并让蜘蛛锚点系统的每条“腿”都受力，同时还要求在绳索尾部做好防脱措施，以及使用分力板作为锚点系统终端。

使用分力锚点系统时，须注意受力方向，受力方向改变时可能会造成分力锚点系统中的某个锚点不受力的情况。

三、均力锚点系统（自平衡锚点系统）

均力锚点系统可以使每个单独的锚点平均分担受力，锚点系统的受力方向改变时单个锚点同样平均分担受力。

1. 两点均力锚点系统

可使用扁带环或者锚点绳环架设，扁带环或者锚点绳须有一圈翻转，以避免单个锚点崩溃造成整个系统的瓦解，如图4-13所示。

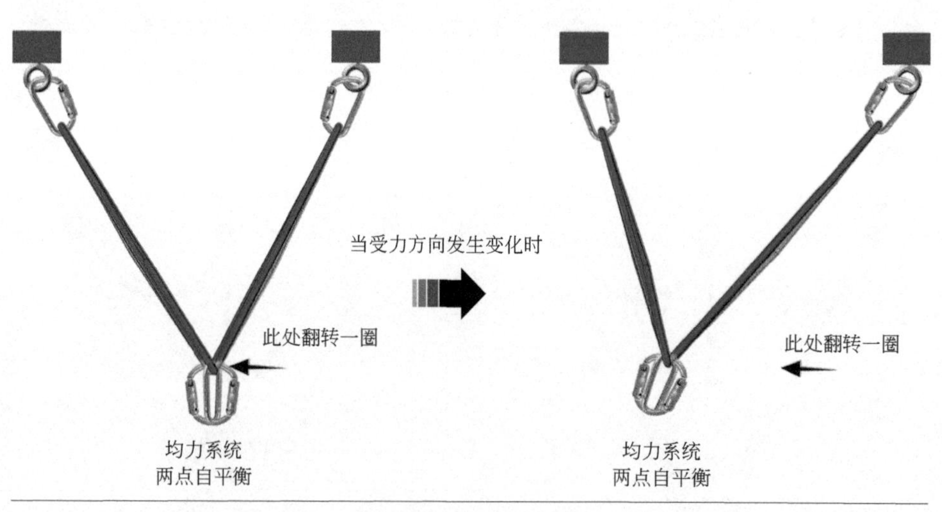

图4-13　均力锚点系统

2. 三点均力锚点系统（如图4-14所示）

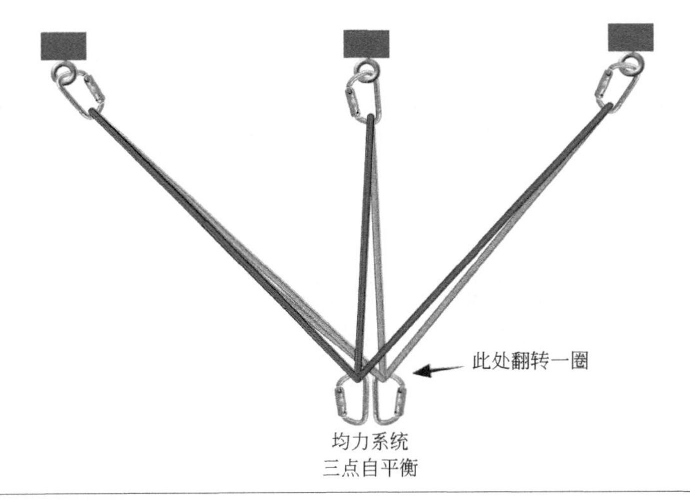

图4-14　三点均力锚点系统

3. 多点均力系统架设方式（如图4-15所示）

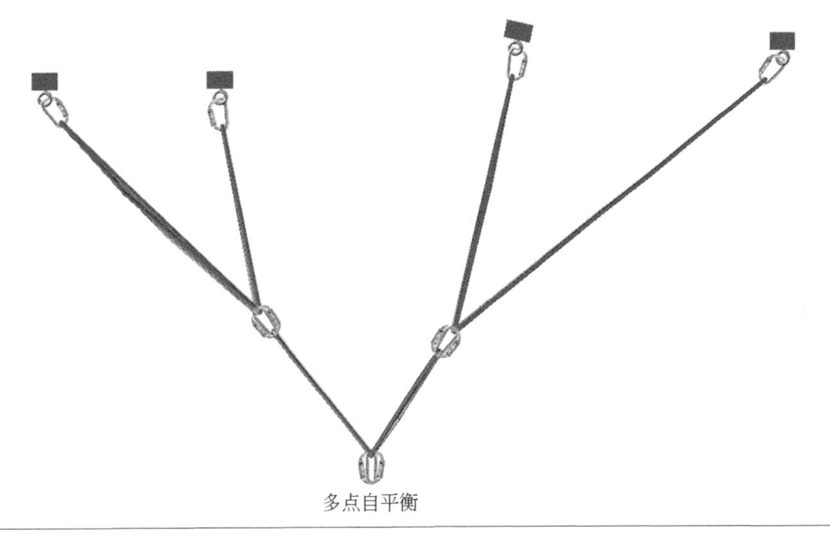

图4-15　多点均力锚点系统

四、大型构筑物锚点系统

使用大型的构筑物制作锚点系统时，如粗壮的大树、钢梁、粗壮的柱子、岩石等，可采用常规的扁带环和主锁来制作，但常规的扁带环往往长度有限，很难满足大型构筑物制作锚点的需求，此时可以使用锚点绳代替扁带环。大型构筑物锚点系统做法如下：

（1）扁带环长度足够环绕大型构筑物，且扁带环连接后形成的角度小于45°，锋利边缘做好保护措施。锚点系统的制作方法如图4-16所示。

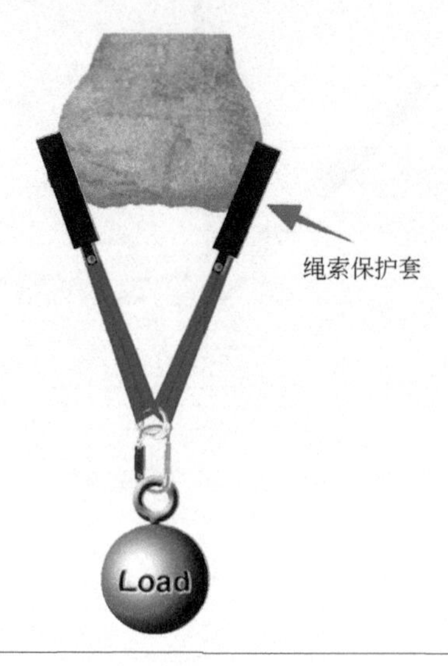

图4-16　大型构筑物锚点系统

（2）扁带环的长度足够环绕大型构筑物，但扁带环连接后形成的角度超过45°甚至更大时，需要注意过大的角度会使连接的主锁三向受力。此时须改变锚点系统的连接方式，锋利边缘做好保护措施，如图4-17所示。

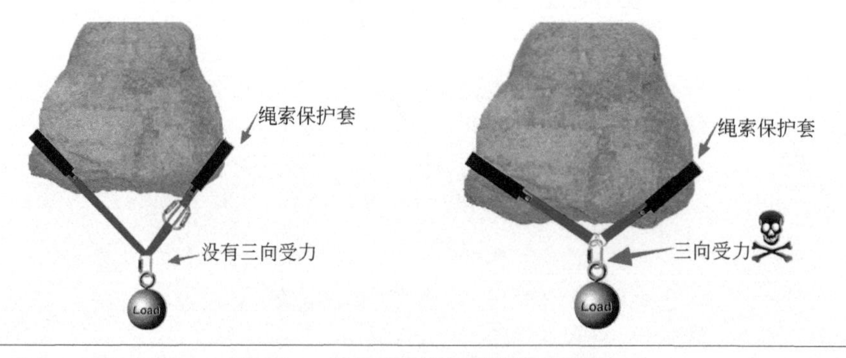

图4-17　大角度大型构筑物锚点系统

（3）扁带环的长度不足以环绕大型构筑物，用绳索替代扁带环制作大型构筑物的锚点系统时，需要考虑夹角给绳索以及锚点带来的受力变化，建议夹角控制在90°以内，禁止超过120°，锋利边缘做好保护措施，如图4-18所示。

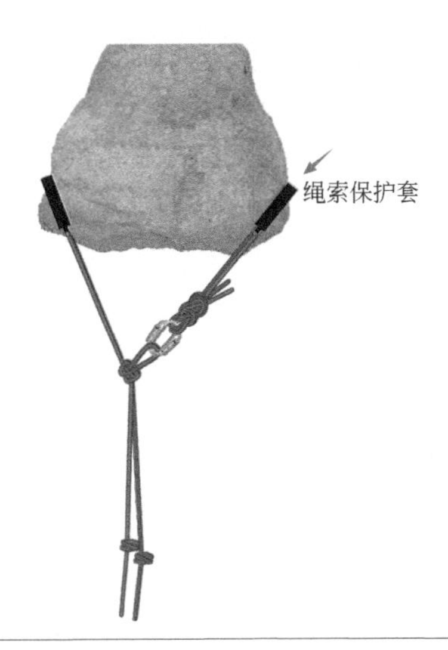

图4-18　绳索制作大型构筑物锚点系统

五、无强度损失锚点系统

无强度损失锚点系统是将绳索缠绕圆柱体锚点（树干、钢管等）5圈或以上，绳头制作八字结并使用主锁与绳索连接，利用绳索和物体间的摩擦力形成无强度损失的锚点系统。圆柱物体的直径须为绳索直径的10倍以上，直径10mm的绳索与物体的摩擦长度至少要达到1.5m，同时必须做好绳索的保护措施，如图4-19所示。

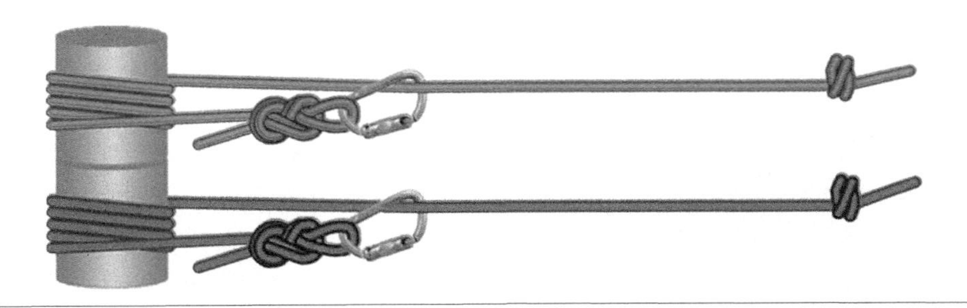

图4-19　无强度损失锚点系统

六、后方预紧锚点系统

当操作区域内现有的锚点强度未达到要求，而后方有强壮锚点可用时，可采用后预紧锚点系统将两处锚点前后连接并收紧。后方预紧锚点系统有多种收紧方式，如常规倍力系统（3倍力）收紧、巫毒（音译）系统收紧等，锚点连接处的扁带环（锚点绳）须交叉。

1. 常规倍力系统收紧（如图4-20所示）

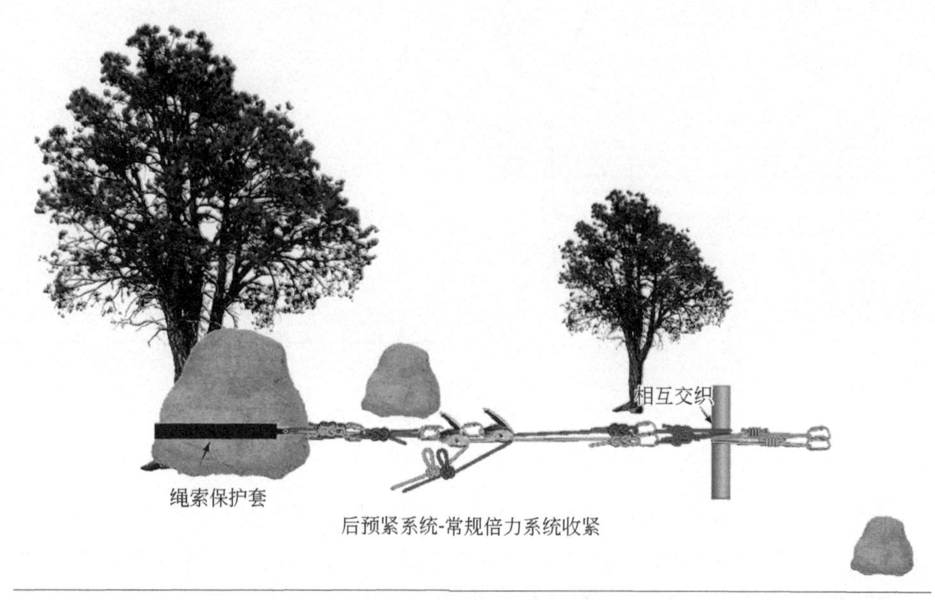

图4-20　常规倍力系统收紧

2. 非常规倍力系统收紧（如图4-21所示）

图4-21　非常规倍力系统收紧

七、地锚系统

1. 钢钎法

现场无强壮锚点时，尤其是野外环境，地锚系统是较好的选择。使用长度1.2m、直径25mm的钢钎创建强壮的锚点系统，锚点系统的强度取决于土壤的类型、使用钢钎的数量，以及钢钎打入泥土中的深度。在固态的土壤中，合理设置三根钢钎串联起来的强度可达到36kN。根据地形的不同，如沙地等情况，应适当增加钢钎的数量。以一字钢钎锚点系统为例，具体做法如下：

选用直径至少为25mm、长度1.2m的钢钎；

钢钎与地面垂线夹角15°～20°；

钢钎打入地面至少0.8m；

每根钢钎间隔1.2m，并处于一条直线上；

将每根钢钎用短绳连接并收紧，也可采用其它方式连接并收紧，目的是让所有的钢钎串联成为一个整体。

评估所在位置的土壤结构，视情况增加钢钎数量，如图4-22所示。

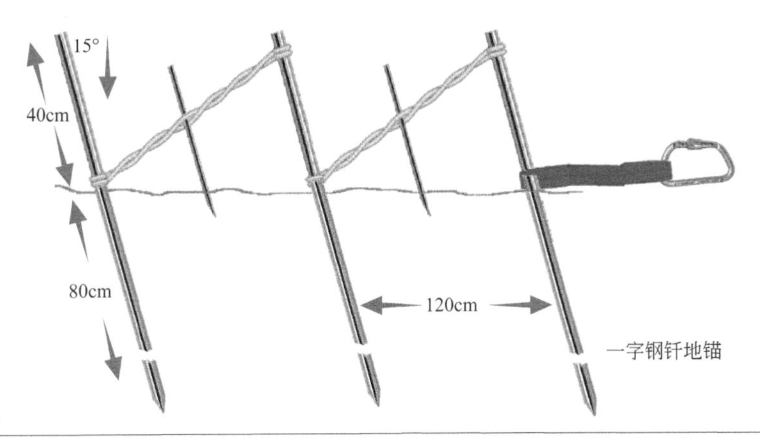

图4-22　钢钎法锚点系统

2. 埋桩锚点系统

埋桩法是地锚系统的另一种架设方式，具体做法如下，如图4-23所示。

评估绳索受力方向，选择与绳索受力方向一致的地点，挖掘三个或三个以上的深坑（深度30～40cm），选择三根或三根以上的实木（直径30cm、长120cm左右），每坑间隔60cm。以上数据只是最低标准，视情况增加埋坑深度或者埋桩数量。

三个深坑之间挖掘一条与扁带大小相同的通道，使用扁带或绳索将三根实木依次连接并拉紧受力，将实木分别埋入对应的坑中，并用土壤覆盖压实。埋桩锚点系统做好后，受力方向与水平面的夹角不大于20°。

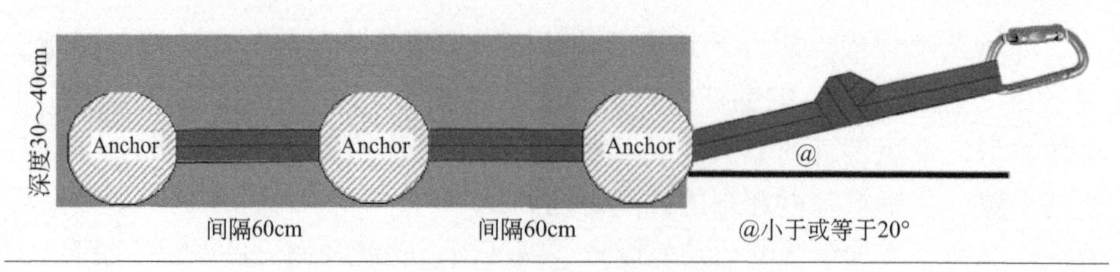

图4-23 埋桩法锚点系统

八、交通工具锚点系统

现场无合适的结构创建强壮锚点，而车辆等交通工具能进入现场时，可利用车辆、工程机械等工具创造强壮锚点（车辆锚点系统最为常见）。选用交通工具作为锚点时，需考虑以下几个因素：

（1）尽量选择总质量较大的车辆、机械设备；

（2）在条件允许的情况下，选择车辆的侧面作为锚点；

（3）停车熄火，拉好手刹，并用轮楔塞好车轮，防止车辆滑动；

（4）避免选择倾斜的环境停车，防止车辆受力后滑动；

（5）选择车辆的轮毂、大梁、车桥等部位作为锚点。

九、特殊方式架设的锚点系统

1. 绕三拉二（绕四拉三）

使用比较光滑的直立柱状结构做锚点时，锚点未受力前，常规的架设方式会导致锚点往下滑动。此时使用散扁带或者锚点绳围着柱状结构绕三圈并将扁带（绳索）的两端连接，拉出两圈留一圈捆在结构上，可使扁带（绳索）固定在结构上，如图4-24所示。

2. 多股单结锚点系统（BFK）

多股单结锚点系统是比较特殊的架设方式，通常用在柱状结构上，如大树、大梁等结构。使用一条绳索围着柱状结构环绕3圈或3圈以上，形成多股绳圈，将多个绳圈合并制作单结。单结的一侧将柱状结构环绕，另一侧形成多个绳圈可当作锚点使用，如图4-25所示。

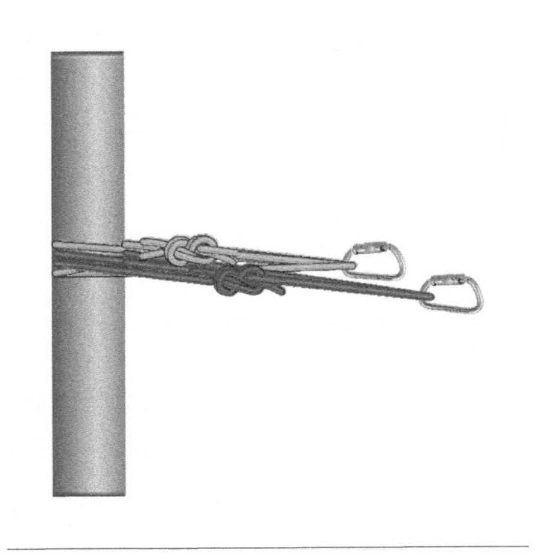

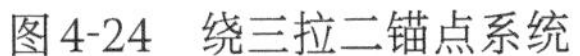

图4-24　绕三拉二锚点系统

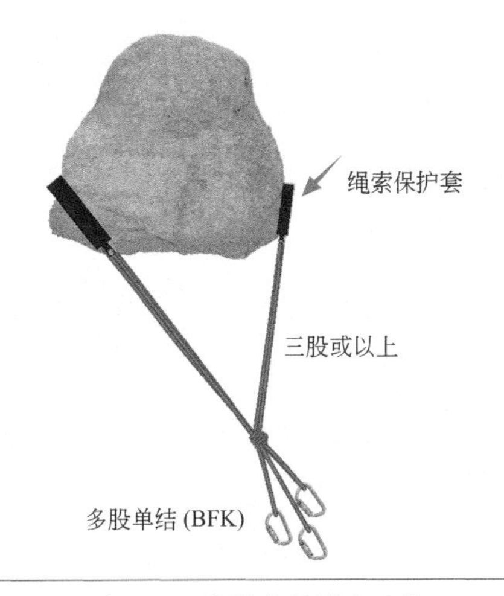

图4-25　多股单结锚点系统

十、可回收锚点系统

可回收锚点系统的架设，通常用于从高处下降到地面后，回收所使用的绳索和器材。也可用于上方结构无法正常接近时，由地面搭建临时向上的绳索接近系统。可回收系统通常情况下被定义为临时使用的系统。常用的回收锚点系统架设方式如图4-26～图4-29所示。

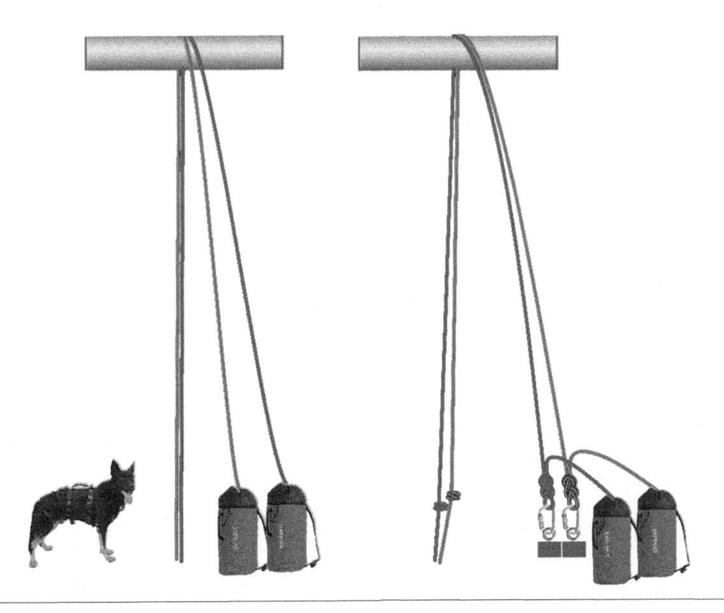

图4-26　回收锚点系统

1. 使用地面锚点架设回收系统

如图4-26所示，先将绳索绕过上方结构，评估结构表面状况，视情况采取保护措施，在绳索的一端制作双股8字结并使用主锁连接地面锚点，另一端制作防脱结，回收锚点系统制作完毕。

2. 使用上方锚点架设回收系统

如图4-27所示，地面无可用锚点，将绳索绕过上方结构，分A、B两组绳索，B组绳索制作蝴蝶结，用主锁将蝴蝶结和A组绳索连接，评估结构表面状况并视情况采取保护措施，牵引A组绳索直到系统受力，回收系统架设完毕。

若上方结构直径较小，主锁将会产生杠杆受力时，建议采用钢制主锁，或采取其它回收系统方式架设。

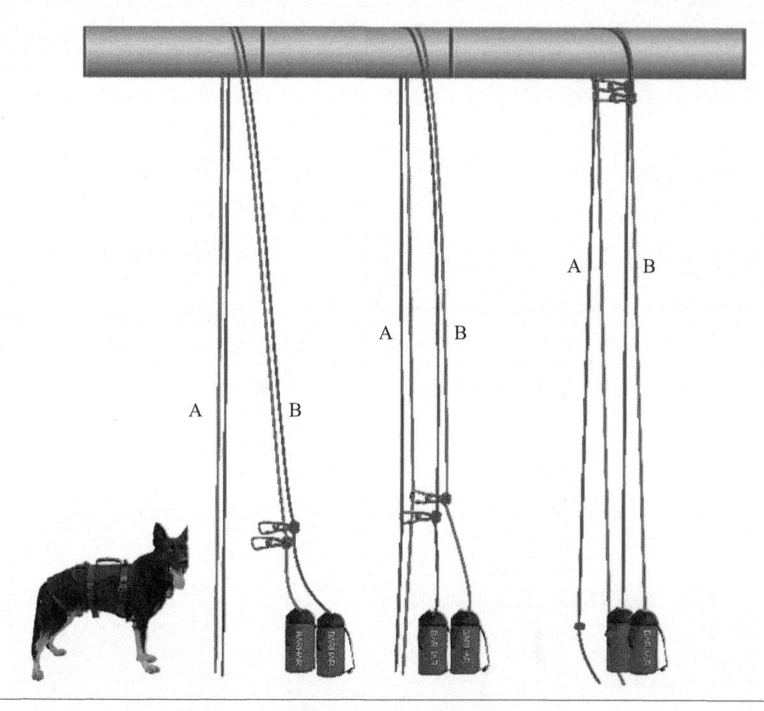

图4-27　使用上方锚点回收锚点系统

3. 使用上方锚点和咬绳架设回收系统

如图4-28所示，上方锚点结构直径较小，或为了避免主锁杠杆受力采取的架设方式，在方式2的基础上多加一个咬绳器，咬绳器必须具备相关安全标准，安装时还要特别注意咬绳器的朝向。

图4-28　使用上方锚点和咬绳架回收锚点系统

4. 使用上方结构增加独立锚点架设回收系统

如图4-29所示，在方式2的基础上增加两个独立的锚点（如钢缆、耐磨扁带环）和滑轮，牵拉绳索使滑轮上升，直至钢缆受力，回收系统架设完毕。由于钢缆锚点具有耐磨特性，此处无需采取绳索保护措施。

图4-29　使用上方结构增加独立锚点回收锚点系统

第三节　绳索整理

绳索整理是绳索技术作业的必要工作环节。在绳索技术作业过程中，应当高度重视绳索整理工作，否则会因绳索整理不当引起绳索混乱，从而影响作业安全。绳索整理方法不宜繁杂，通常以一种或两种固定的方法进行，有条件的可用绳包整理和携带，绳包能对绳索提供良好的保护，避免绳索外露而导致的挂绊。绳索整理常见的方法有蝶式收绳法和T字形理绳法两种。

一、蝶式收绳法

1. 收绳的动作要领（如图4-30所示）

（1）一手握绳，一手捋绳，每次捋绳长度尽量相近，大约为一臂展长；

（2）将绳交与另一只手抓握并形成若干绳圈，注意绳圈之间无交叉，反复进行，直至收完；

（3）快要收完时，要留有一定绳长用于捆扎收紧，捆扎收紧位置一般位于绳圈上1/3处；

（4）用余绳在绳圈上反复缠绕数圈，将绳索捆扎紧；

（5）绳头从捆扎绳中穿出并拉紧，完成绳索整理；

（6）完成整理后的状态。

2. 较长绳索背负携带要领（如图4-31所示）

（1）较长绳索可将绳索置于肩上来收整，整理方法与前者相同；

（2）较长绳索可以对折收卷，绳尾留长后可以把绳交叉背负于身上；

（3）胸前交叉后在腰部打双平结，处理好余绳；

（4）完成背负后状态。

二、T字形理绳法

该方法是建立在蝶式收绳法基础上的绳索整理方法。原则上只适用于蝶式或收绳效果与蝶式类似的收绳方法，如图4-32所示。

（1）握住绳圈中部折点后解开绳索，双手水平将绳平展；

（2）将绳放于面前并找出一端绳头置于自己可控范围之内；

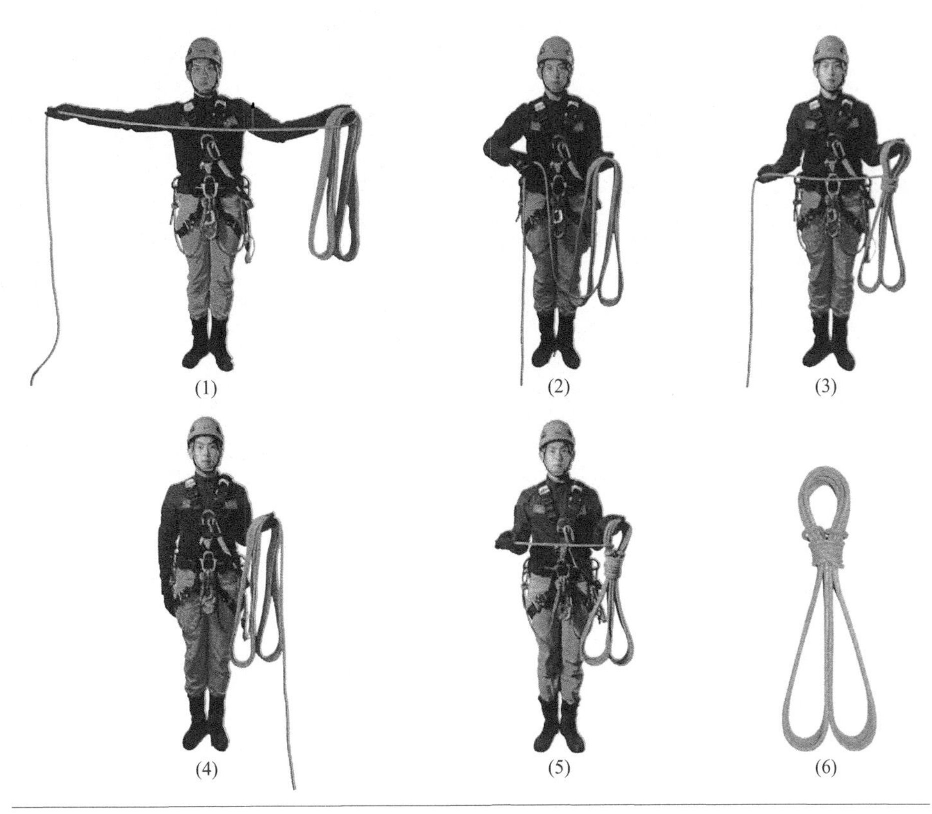
(1) (2) (3) (4) (5) (6)

图4-30　蝶式收绳法

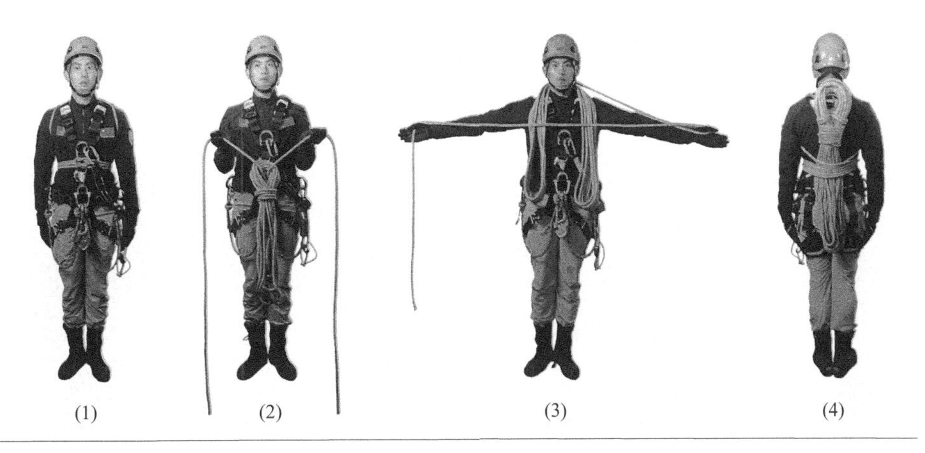
(1) (2) (3) (4)

图4-31　较长绳索背负携带法

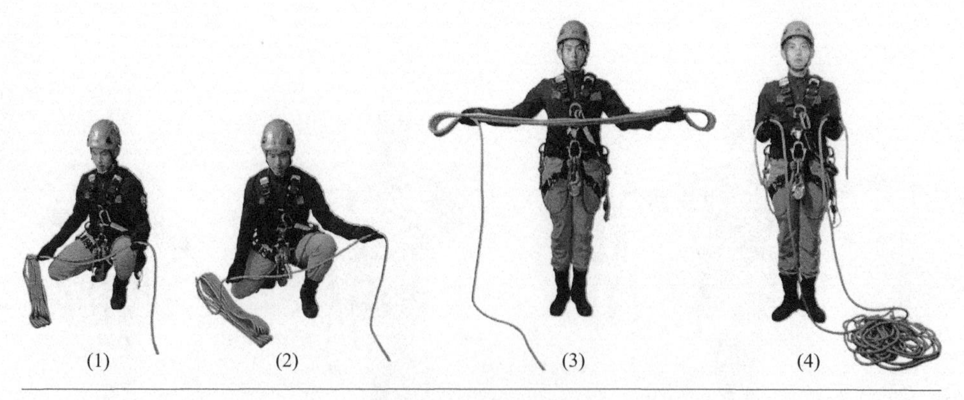

图4-32　T字形理绳法

（3）从待整理绳中，由里向外快速将绳捋清，整理过程中呈T字形；

（4）直到捋至另一绳头时整理结束，此时要控制两个绳头。在使用时，任意选择某个绳头拉出，都能保证绳索顺利展开。

三、绳包整理法

绳索装包后利于绳索的携带、快速展开和抛投。一般有单绳整理装包和双绳整理装包两种。

1. 单绳整理装包法（如图4-33所示）

（1）将准备装包的绳索在距绳尾1～2m处打防脱结；

（2）将打防脱结的一端作为内绳端，并系在包内侧束带上；

（3）双手或双人配合将绳索塞入包内；

（4）将外绳端系在包外侧带并把包束紧，使用时应打开外绳端抽拉绳索。

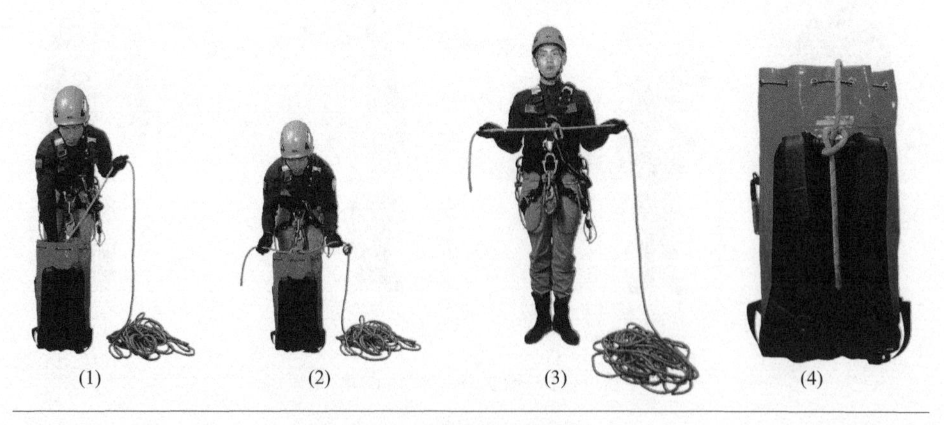

图4-33　单绳整理装包法

2. 双绳整理装包法（如图4-34所示）

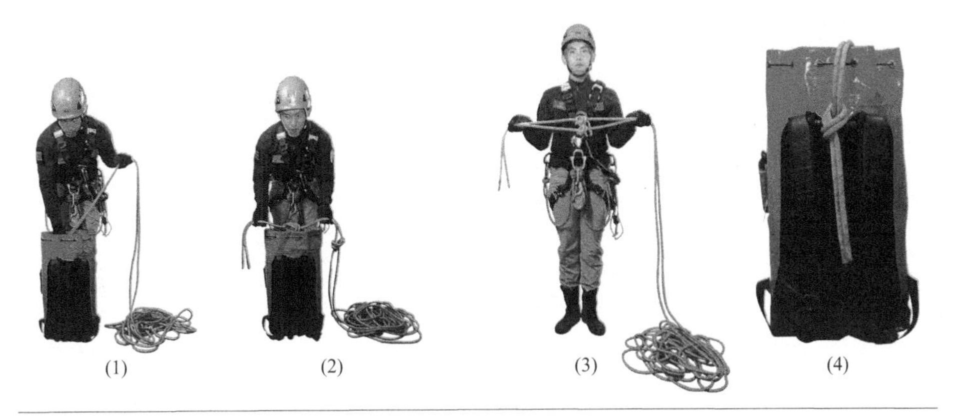

图4-34　双绳整理装包法

（1）在距绳尾1～2m处分别打防脱结；

（2）将打防脱结的一端作为内绳端，并系在包内侧束带上；

（3）双手或双人配合将绳索并行塞入包内，外绳端处理与单绳整理装包相同。

第四节　绳索保护

绳索是绳索技术作业以及绳索救援的核心，大部分绳索是由尼龙材料制成。目前，绳索技术活动使用的绳索多为夹芯绳，通常由绳皮和绳芯构成。虽然绳皮具有一定的耐磨特性，但绳索在受力状态下遇到锋利边缘或者粗糙的表面以及热源等危险因素时，非常容易损坏，并有很大可能因为这些危害因素导致绳索断裂造成人员从高处坠落，因此绳索的保护在绳索技术中是非常重要的环节。

1. 绳索保护的基本措施

（1）定义所有在绳索行进路径中可能存在的危害因素；

（2）如果条件允许，移除危害因素；

（3）如果危害因素无法移除，尝试避开所在路径中的危害因素；

（4）如果危害因素无法移除也无法避开，则需要使用绳索保护装置来降低或减轻绳索接触危害因素后造成的后果；

（5）确认以上保护措施是否执行，如果未执行则禁止进行下一步操作。

2. 绳索保护措施对照图（如图4-35所示）

定义所有在绳索行进路线上可能存在的危害因素，例如：

一、定义
找出危害因素
(隐患识别)

锐角　热源　风　腐蚀性物质　旋转工具

复杂空间　易缠绕环境　粗糙处/锋利边缘

二、移除
移除危害因素

例如：移除热源
移除易缠绕物体

三、避免
避开危害因素

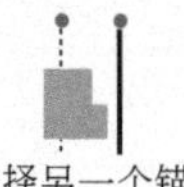

选择另一个锚点

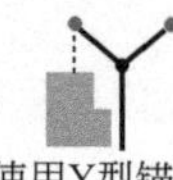

使用Y型锚点

使用偏离点

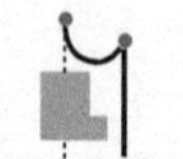

使用中途锚点

四、保护
用保护装置保护
无法避免的危害

绳索在通过锋利边缘时选择合适的绳索保护装置
对其他可识别的危险因素选择合适的保护装置

五、确认

确认保护装置已正确安装
如果没有正确安装保护装置，不可以进行操作

图4-35　绳索保护措施图

第五章

个人绳索技术

本章节涉及的绳索技术须遵循双重保护原则。双重保护原则的绳索技术通常包含行进系统与后备系统，实际操作中两套系统必须结合使用。行进系统是提供进入、退出与工作定位的主要支持系统，包括作业绳索以及连接在作业绳上，并始终与绳索技术人员的安全带连接在一起的上升器、下降器。后备系统包括安全绳索和一套连接在安全绳索上，并始终与绳索技术人员的安全带连接在一起的后备安全装置。

第一节　个人绳索基础技术

技术操作的方式有多种，不同的技术员和教练可能以不同的方法完成某一技术操作。不同的场景也会影响到具体的操作方式，但不论任何方法，安全必须始终是第一要考虑的因素。

一、装备的组装和穿戴

绳索技术的个人装备组装没有统一的标准和要求，个人装备的组装由不同类型的工作需要、应用方法、个人习惯和任务环境来决定。不同的操作人员或团队的个人装备组装方法各有差异。

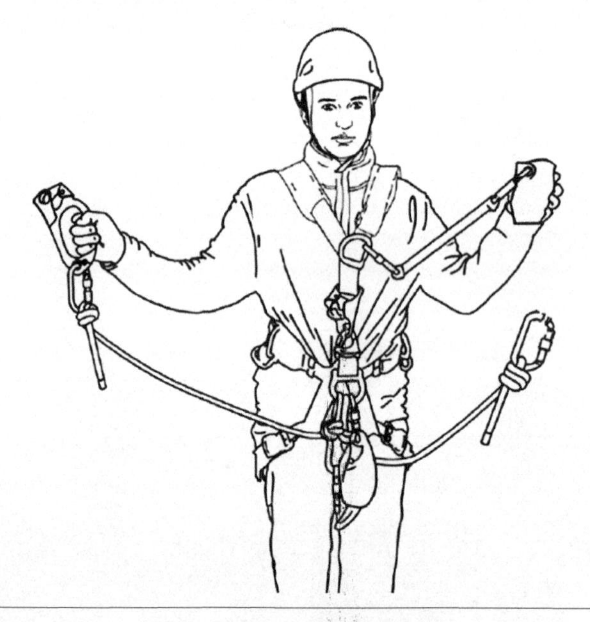

图5-1　个人装备穿戴示意图

个人装备组装的方式如图5-1所示，所有的牛尾绳长度（连接配件）应该在操作者伸手可及的范围内。用于连接下降器的主锁开口朝下并向内，避免锁门部分与外物碰撞。三角梅隆锁的上锁方向在胸升牙齿的对面位置，以确保绳索运行时能顺利通过胸升。牛尾绳的末端可以用桶结或双股八字结，绳结须整理妥当并以个人体重拉紧。

二、操作前装备检查

所有器材在使用前必须先做检查，以确保状态良好和完整好用，确保锚点牢固，安全带穿着妥当，确认主锁锁闭并锁紧，绳索架设妥当并完好，下降器或上升器安装妥当，靠近有坠落风险的边缘位置时，先做好防坠落保护措施。

三、个人绳索基础技术

（一）上升和下降技术

1. 上升技术（如图5-2所示）

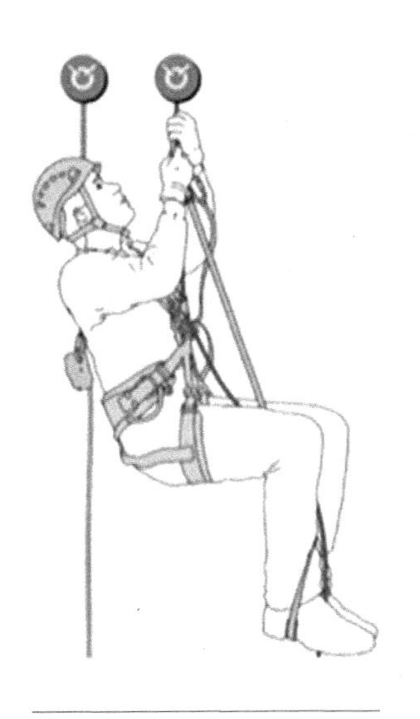

图5-2　上升示意图

（1）穿戴好个人防护装备，携带好所需器材；

（2）整理绳索，避免绳索交叉缠绕，分清工作绳和保护绳，通常左为保护绳，右为工作绳；

（3）将后备装置安装到保护绳，并进行功能测试；

（4）将胸式上升器（简称胸升）安装到工作绳上，将绳索往下拉，提高胸升位置，缓慢坐下使胸升承重；

（5）将手持上升器（简称手升）安装到工作绳上，连接好脚踏绳；

（6）将脚踩进脚踏绳圈，腿向下并向后发力，使胸升向上沿绳移动，坐下使胸升受力；

（7）重复以上动作，直至到达上升高度要求。

2. 下降技术（如图5-3所示）

图5-3　下降示意图

（1）检查下降器和后备安全装置的状态；

（2）左手操作下降器，右手紧握尾绳；

（3）当需要在空中制停时，锁定下降器，并把后备装置推高；

（4）任何情况下，后备安全装置不应处于腰部以下，最为理想的位置为肩部以上；

（5）最大下降速度不得超过2m/s。

（二）上升下降转换技术

1. 上升转下降技术（如图5-4所示）

（1）坐下使胸升承重；

（2）后备装置往上推；

（3）调节手升与胸升之间的距离约为10cm（调整手升的位置，手升的顶部位置与操作人员的眼平齐）；

（4）将下降器安装到工作绳胸升的下方；

（5）确保胸升与下降器之间的距离约为10cm；

（6）锁定下降器；

（7）调整后备装置的高度；

（8）站立让胸升不再承重，并将胸升从工作绳上拆除，关上胸升；

（9）缓慢坐下，让下降器承重。

图5-4　上升转下降操作示意图

2. 下降转上升技术(如图5-5所示)

(1) 锁定下降器；
(2) 将后备装置往上推；
(3) 将手升安装到工作绳上（下降器上方约30cm）；
(4) 将胸升打开；
(5) 踩着脚踏绳站立；
(6) 将胸升安装到工作绳上（下降器上方）；
(7) 缓慢坐下让胸升承重；
(8) 将后备装置往上推；
(9) 检查胸升状况，将下降器拆除。

图5-5 下降转上升操作示意图

（三）微距上升与下降技术

1. 微距下降技术（如图5-6所示）

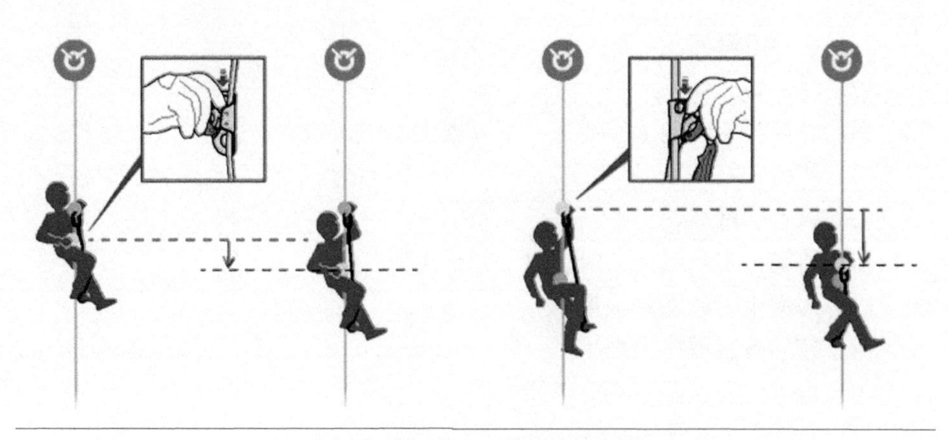

图5-6　微距下降调整操作示意图

这是一种利用上升器做下降的技巧，通常用于上下转换、通过绳结、较短距离（不超过1 m）的高度调整。过程中两个上升器（手升和胸升）交替受力，开启上升器的咬齿部分时必须谨慎，否则上升器可能会意外脱离绳索，而要开启上升器咬齿部分之前，必须有一定的空间让上升器做微小的上升移动。

（1）调整手升与胸升之间的距离约10cm；

（2）微微站立；

（3）将食指放在胸升咬齿部分的顶部，轻轻向下按，使胸升的咬齿跟绳索分离；

（4）缓缓下蹲，让胸升缓慢向下移动，注意每次移动的距离不要太长；

（5）调整后备装置的高度；

（6）重复以上步骤。

图5-7　微距上升示意图

2. 微距上升技术（如图5-7所示）

这是一种利用下降器做上升的技巧，通常用于通过中途锚点、通过绳结、短距离的高度调整。

(1) 在下降器上方安装手升；

(2) 调节后备装置的高度；

(3) 一手握住手升，一手抓住下降器的尾绳；

(4) 站立的同时将下降器的尾绳往上提（如下降器没有自锁功能，在站立前请将下降器的把手调整至“解锁”挡位）；

(5) 重复以上步骤。

（四）通过绳结技术

1. 下降通过工作绳上的绳结（如图5-8所示）

(1) 下降至下降器碰到绳结，停止下降，锁定下降器；

(2) 调整后备装置的高度；

图5-8　下降通过绳结操作示意图

（3）将手升安装到工作绳上（下降器上方约30cm位置）；

（4）打开胸升，站立将胸升安装到工作绳上；

（5）站立，由下降状态转为上升状态；

（6）将下降器从绳索上拆除并把下降器安装到绳结以下的工作绳（调整下降器的位置靠近绳结）；

（7）锁定下降器；

（8）调整手升与胸升之间的距离（10cm内），站立拆除胸升并缓慢坐下让下降器承重，并拆除手升。

2. 上升通过工作绳上的绳结(如图5-9所示)

（1）上升至接近绳结后停止上升，勿将手升过分贴近绳结；

（2）将手升拆除并安装到工作绳绳结以上位置；

（3）站立，使胸升上升至贴近绳结位置，勿让胸升过分贴近绳结；

（4）调整后备装置的高度；

图5-9　上升通过绳结操作示意图

（5）在胸升下方的工作绳上安装下降器并锁定；
（6）调整手升的位置，站立将胸升打开，并安装到绳结上方；
（7）检查一切正常后，拆除下降器。

3. 通过安全绳上的绳结

原则是把后备装置拆除之前，必须先建立另一个安全连接。

方法一：在安全绳绳结上/下方安装一个新的后备装置，拆除绳结下/上方原有的后备装置。

方法二：在安全绳绳结下方创造一个可用的蝴蝶结，挂入一条牛尾，再将后备装置拆除，重新安装到绳结的上/下方，解开蝴蝶结。

（五）绳索间的转换技术（如图5-10所示）

（1）锁定下降器（如果转换前是上升状态，先换成下降状态）；
（2）调整后备装置的高度；

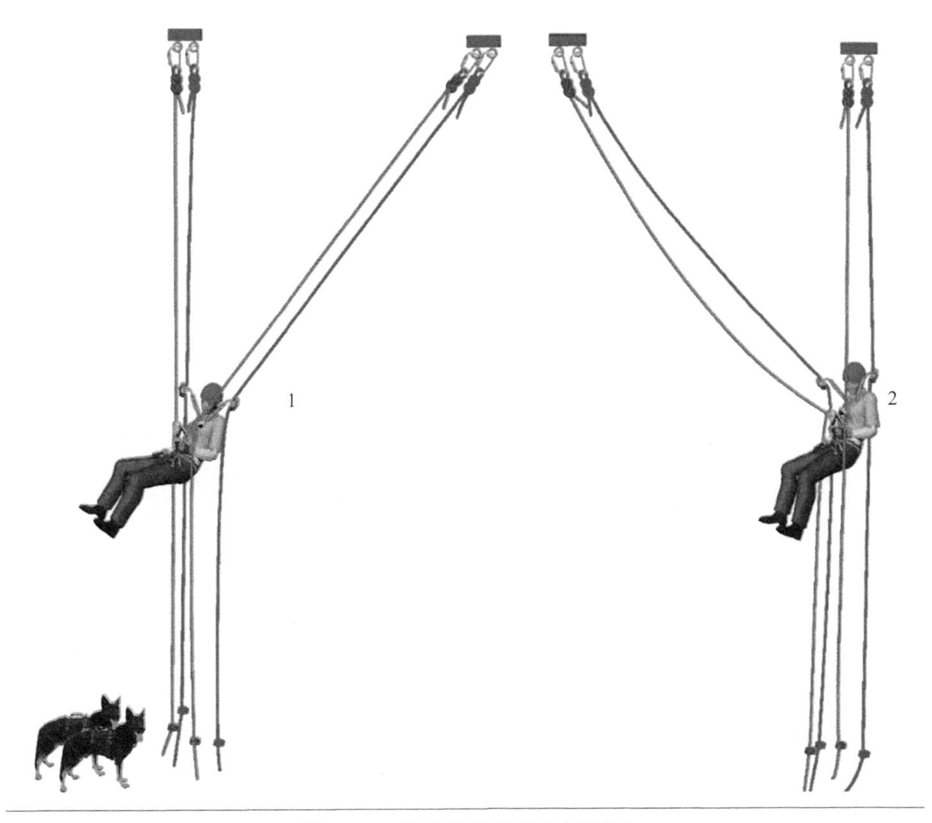

图5-10　绳索间转换操作示意图

（3）将第二个后备装置安装到目标绳索中的其中一条（目标安全绳）；

（4）将胸升安装到目标绳索中的另一条（目标工作绳）；

（5）将目标工作绳稍稍拉紧使胸升受力；

（6）操作原工作绳上的下降器下降，体重在重力作用下移到目标绳上；

（7）过程中注意随时调整后备装置的高度；

（8）当原先的绳索不再承重时，先拆除下降器，再将原先的后备装置拆除；

（9）如转换后须继续下降，则重新转成下降状态下降。

（六）通过单锚点偏移点技术

1. 下降通过单锚点偏离点（如图5-11所示）

（1）下降至下降器与偏离点同高，锁定下降器；

图5-11 下降通过单锚点操作示意图

（2）将一把新的主锁接至偏离点；
（3）将新安装的主锁打开安装到使用者下降器和后备装置的上方绳索中；
（4）拆除偏离点锚点内原先的主锁；
（5）继续下降。

2. 上升通过单锚点偏离点（如图5-12所示）

（1）上升至偏离点的下方，然后停下；
（2）将一把新的主锁接到偏离点上；
（3）将使用者使用的两条绳索尾部挂入新安装的主锁内；
（4）将偏离点锚点原先的主锁与绳索脱离；
（5）抓住绳索并缓慢释放，至身体在重力作用下完全与地面垂直；
（6）在其中一条绳索上打蝴蝶结（返回时使用）；
（7）松开绳索继续上升；

图5-12　上升通过单锚点操作示意图

（七）通过中途锚点技术

1. 下降通过中途锚点（操作方法与绳索转换的方法类似，如图5-13所示）

（1）下降至下降器的高度与中途锚点同高；

（2）锁定下降器，调整后备装置的高度；

（3）整理绳索；

（4）将第二个后备装置安装到目标绳中的其中一条（目标安全绳）；

（5）将胸升安装到目标绳中的另一条（目标工作绳）；

（6）将目标工作绳稍稍拉紧使胸升受力；

（7）操作原工作绳上的下降器下降，体重在重力作用下移到目标绳上；

（8）过程中注意随时调整后备装置的高度；

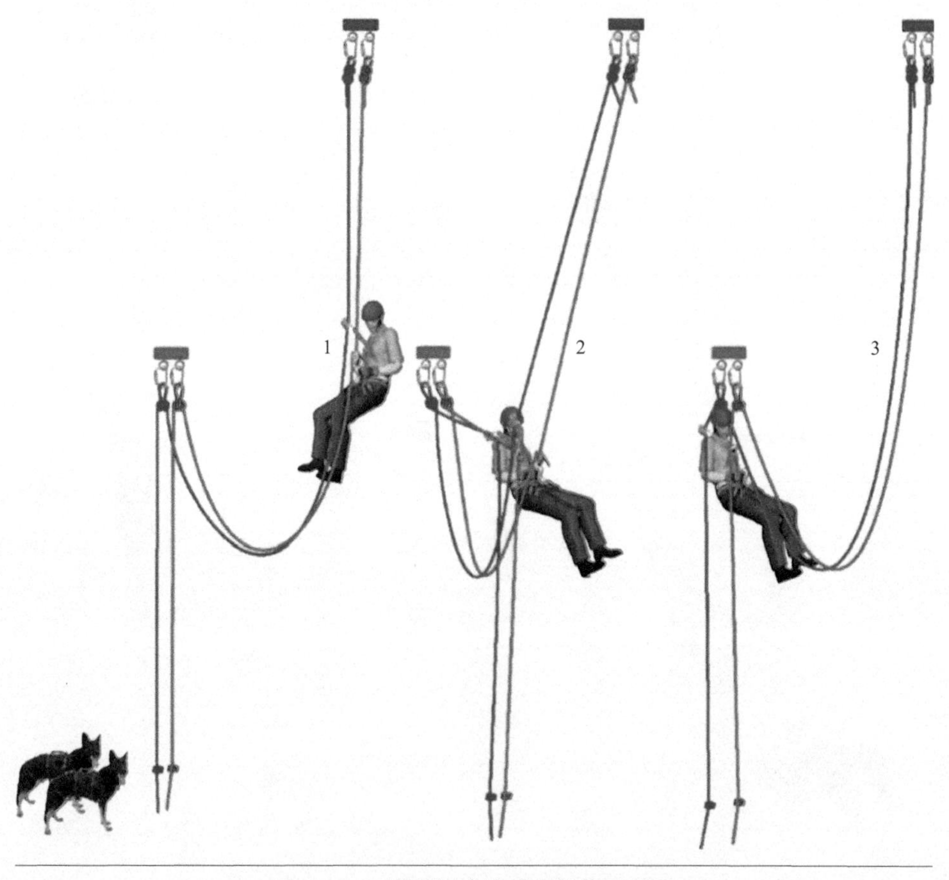

图5-13　下降通过中途锚点操作示意图

(9) 当原先的绳索不再承重时，先拆除下降器再将原先的后备装置拆除；
(10) 如转换后须继续下降，则重新转成下降状态下降。

2. 上升通过中途锚点（与绳索转换的方法类似，如图5-14所示）

(1) 上升至接近中途锚点时停止，但勿让手升过分贴近绳结；
(2) 转换成下降状态，锁定下降器；
(3) 调整后备装置的高度，调整下降器的高度（如有必要）；
(4) 整理绳索；
(5) 将第二个后备装置安装到目标绳中的其中一条（目标安全绳）；
(6) 将胸升安装到目标绳中的另一条（目标工作绳）；
(7) 将目标工作绳稍稍拉紧使胸升受力；
(8) 操作原工作绳上的下降器下降，体重在重力作用下移到目标绳上；
(9) 过程中注意随时调整后备装置的高度；

图5-14　上升通过中途锚点操作示意图

（10）当原先的绳索不再承重时，先拆除下降器再将原先的后备装置拆除；

（11）继续上升。

（八）通过低固定点技术

1. 下降通过低固定点（如图5-15所示）

（1）将后备装置安装到绳索上；

（2）慢慢靠近边缘，并将下降器安装到工作绳上（下降器安装的位置距边缘下方约10cm）；

（3）锁定下降器；

（4）右腿先行翻越边缘；

（5）缓慢坐下让下降器承重；

（6）检查绳索状况是否存在缠绕，如有则需作出整理，做好绳索保护；

（7）下降器锁定解除，开始下降。

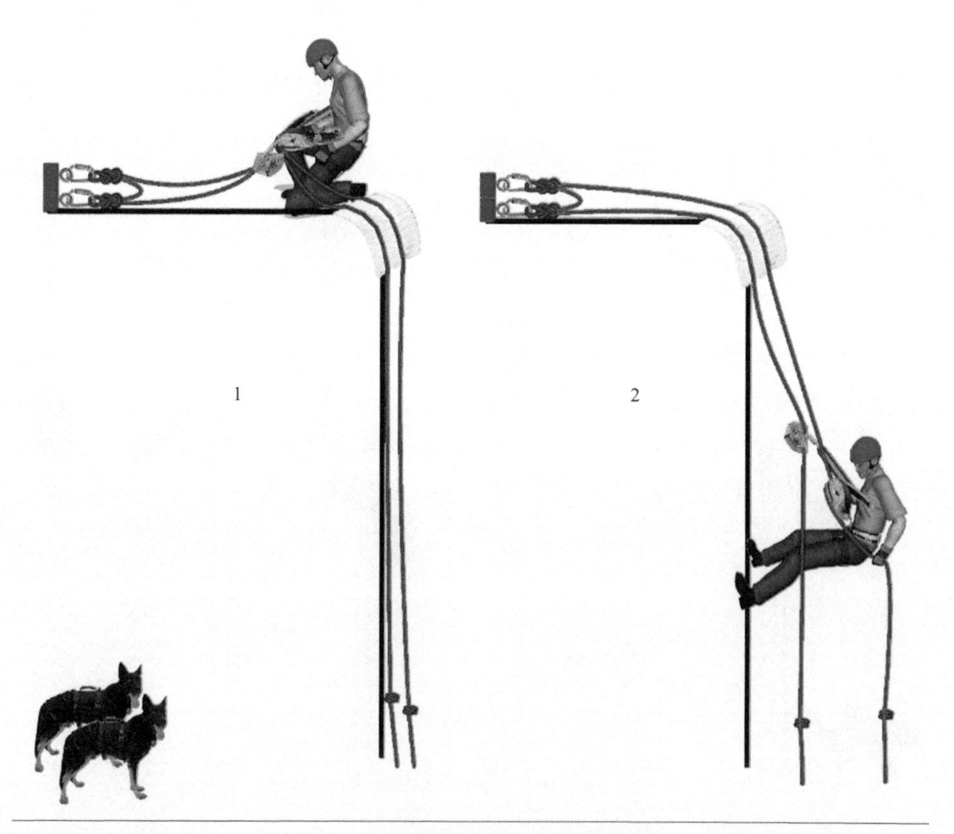

图5-15　下降通过低固定点操作示意图

2. 上升通过低固定点（如图5-16所示）

（1）上升至靠近至上方边缘位置；

（2）转换成下降状态；

（3）调整后备装置的高度；

（4）将手升取下，并越过边缘安装到工作绳中；

（5）站立翻越边缘。

图5-16 上升通过低固定点操作示意图

（九）使用坠落制停装置

坠落制停装置主要用于攀爬直梯，以及电塔、塔吊等垂直的结构和构筑物，如图5-17所示。

（1）带有势能吸收器的装置只允许连在安全带上带有“A”标志的D环上；

（2）大钩在使用时需确保主轴方向受力；

（3）无论如何攀爬，随时保持至少一个安全点。

图5-17　坠落止停装置使用示意图

（十）辅助攀登技术（使用可移动的锚点装置，如扁带、钢索锚点，如图5-18所示）

（1）此方法用于沿钢梁或者类似结构上的横向移动；

（2）需要一对脚踏绳、三条钢索锚点或扁带；

（3）无论如何，在悬空状态必须确保具备两个独立的挂点；

（4）短扁带要置于两条牛尾中间。

图5-18　辅助攀登技术操作示意图

第二节　个人绳索救援技术

在救援行动中，最核心的人是救援者自己，必须时刻观察周围是否存在对你构成伤害的因素。任何时候都要保持冷静、控制情绪，专注于任务和技术操作。在实际作业中，完成一项救援任务会有多种方法，但无论在何种情况下，安全、合理、高效完成救援任务是唯一宗旨和要求。

挂接式救援技术是一项非常重要的个人绳索救援技术。挂接式救援指救援人员将伤员或者被困人员挂接至自身绳索系统中，携带伤员行进的救援方式。使用单个下降器携带伤员做垂直下降时应控制下降速度最大不得超过0.5m/s，并且需要增加额外的制动措施，如图5-19所示。

1. 伤员处于下降状态（如图5-20所示）

动作要领：

（1）救援者架设一组绳索用于接近伤员；

（2）在略高于伤员的高度位置停下；

（3）锁定下降器（如救援者是上升状态，则先转换下降，然后锁定下降器）；

（4）调整后备装置的高度；

（5）整理绳索并与伤员做两点挂接；

（6）缓慢释放伤员的下降器并拆除，再拆除伤员的后备装置；

（7）让救援者下降器的主锁承受伤员的重量；

（8）操作下降器下降之前，增加一个额外的摩擦环来控制下降速度；

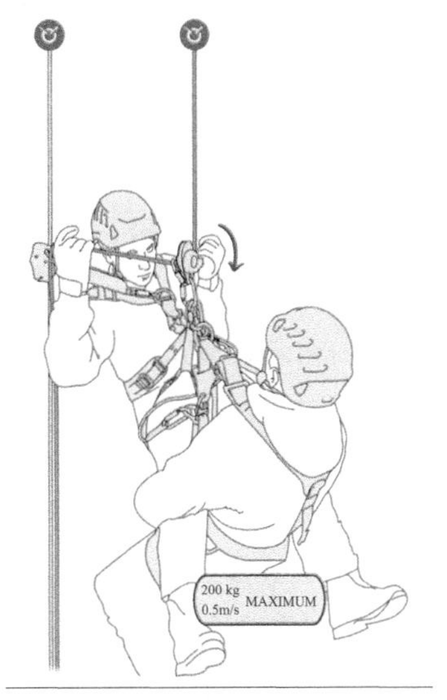

图5-19　挂接式救援技术示意图

（9）携带伤员下降，尽可能保护伤员避免二次伤害；

（10）时刻关注后备装置的高度；

（11）着地后，如有必要对伤员进行悬吊创伤处理；

（12）转交给医务人员处理。

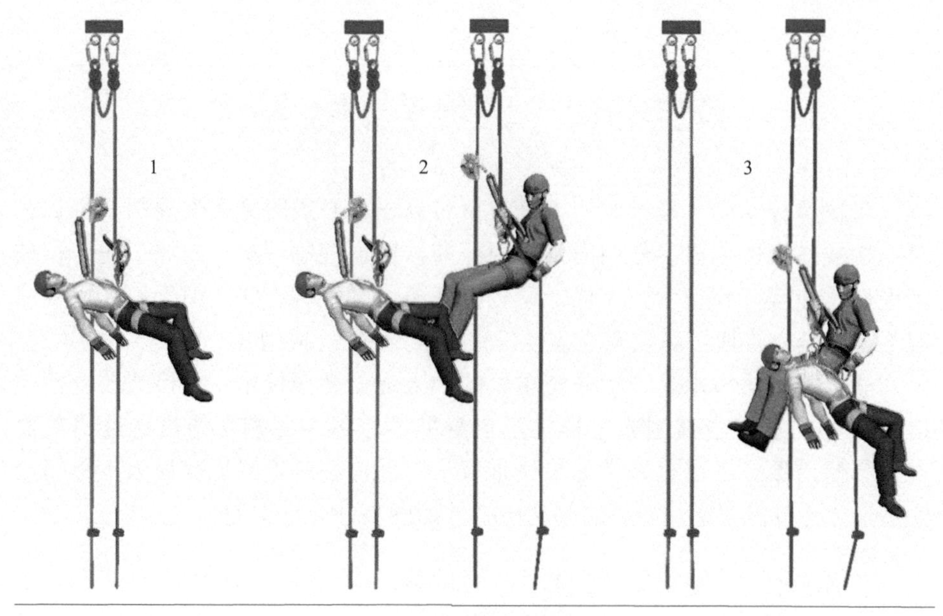

图5-20　下降状态挂接救援操作示意图

2. 伤员处于上升状态（如图5-21所示）

动作要领：

（1）救援者架设一组绳索用于接近伤员；

（2）在略高于伤员的高度位置停下；

（3）锁定下降器（如救援者是上升状态，则先转换下降，然后锁定下降器）；

（4）调整后备装置的位置；

（5）整理绳索并与伤员做两点挂接；

（6）采用配重的方式拆除伤员的胸升，再拆除伤员的后备装置；

（7）让救援者下降器的主锁承受伤员的重量；

（8）操作下降器下降之前，增加一个额外的摩擦环来控制下降速度；

（9）携带伤员下降，尽可能保护伤员避免二次伤害；

（10）时刻关注后备装置的高度；

（11）着地后，如有必要对伤员进行悬吊创伤处理；

（12）转交给医务人员处理。

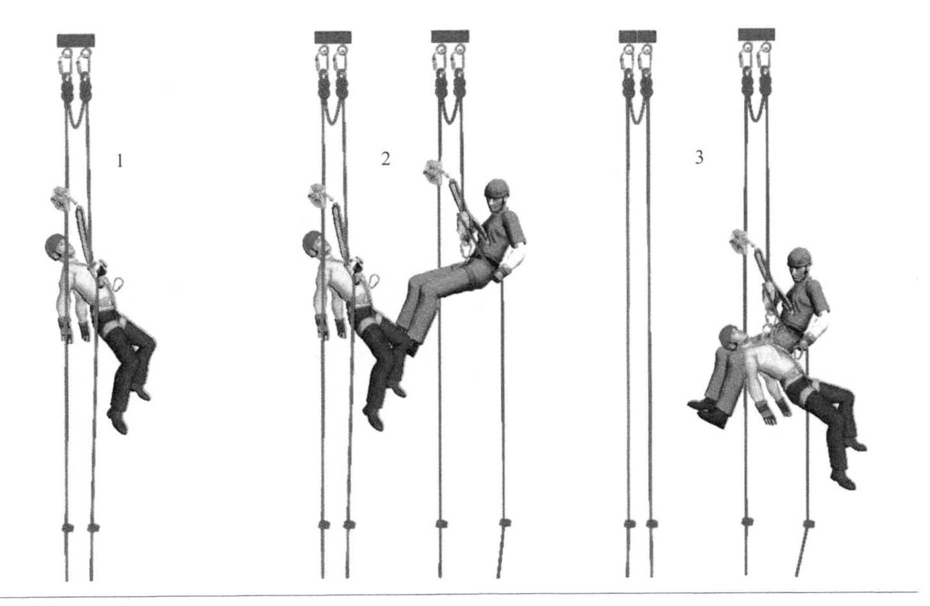

图5-21　上升状态挂接救援操作示意图

3. 携带伤员绳索转换技术（如图5-22所示）

动作要领：

（1）锁定下降器调整后备装置；

（2）整理绳索，将现使用绳索整理到身体一侧；

（3）将目标绳拉至身体另一侧；

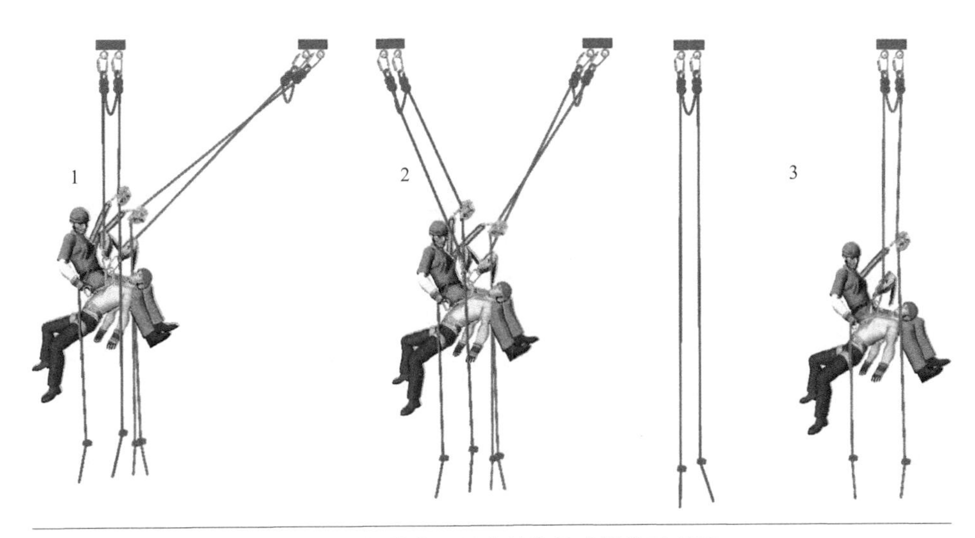

图5-22　携带伤员绳索转换技术操作示意图

（4）安装第二个后备装置到目标绳中的一条；

（5）安装第二个下降器到目标绳中的另一条（第二个下降器可以从伤员身上拆，也可自行携带）；

（6）操作原先的下降器下降，在重力作用下重量会转移到目标绳，直至目标绳与地面垂直（理论上有角度的下降可以不需要增加额外的摩擦，救援者视现场情况决定是否需要增加额外的摩擦）；

（7）拆除原先的下降器和后备装置，转换结束；

（8）如需携带伤员做垂直下降，则需要增加额外的摩擦环。

4. 携带伤员通过中途锚点技术（如图5-23所示）

携带伤员通过中途锚点是指由上往下通过中途锚点下降到地面，操作方式与携带伤员做绳索转换类似。

动作要领：

（1）携带伤员下降至下降器的高度与中途锚点平齐；

（2）锁定下降器，调整后备装置；

（3）将现使用的绳索整理到身体的一侧；

图5-23　携带伤员通过中途点技术操作示意图

（4）将目标绳拉至身体另一侧；

（5）安装第二个后备装置到目标绳中的一条；

（6）安装第二个下降器到目标绳中的另一条（第二个下降器可使用伤员身上的，也可自行携带）；

（7）操作原先的下降器下降，在重力作用下重量会转移到目标绳，直至目标绳与地面垂直（理论上有角度的下降可以不需要增加额外的摩擦，救援者视现场情况决定是否需要增加额外的摩擦）；

（8）拆除原先的下降器和后备装置，通过中途锚点；

（9）如需携带伤员做垂直下降则需要增加额外的摩擦环。

5. 携带伤员通过绳结技术（如图5-24所示）

携带伤员通过绳结是指携带伤员由上往下通过绳结下降到地面，以安全绳和工作绳上绳结位置同高为例。

动作要领：

（1）携带伤员下降至距绳结约1m处锁定下降器，将后备装置推高；

（2）将安全绳上的绳结调节至后备装置下方（或者重新创造一个蝴蝶结

图5-24　携带伤员通过绳结技术操作示意图

将原有绳结包进去，并将新蝴蝶结调节至后备装置下放）；

（3）安装另一个下降器在安全绳上；

（4）安装另一个后备装置在工作绳上；

（5）操作原先的下降器让新装的下降器承重，并拆除原先下降器和原先的后备装置；

（6）此时原先的工作绳转变为安全绳；

（7）继续下降，当后备装置即将达到绳结处停下；

（8）在绳结下方安装另一个后备装置，并拆除原先的后备装置；

（9）此时两个绳结全部通过；

（10）继续下降直到地面安全区域（要加摩擦）。

6. 携带伤员通过单锚点偏移点技术（如图5-25所示）

携带伤员通过单锚点偏离点技术指由上往下通过偏离点下降到地面，方法与个人下降通过单偏离点类似。

动作要领：

（1）下降至下降器与偏离点同高，锁定下降器；

图5-25　携带伤员通过单锚点技术操作示意图

(2) 将一把新的主锁挂接至偏离点；

(3) 将新安装的主锁打开安装到使用者下降器和后备装置的上方绳索中；

(4) 拆除原先偏离点锚点的主锁；

(5) 继续下降直到地面安全区域。

7. 辅助攀登救援技术（如图5-26所示）

辅助攀登救援是指营救被困于辅助攀登时的人员，救援人员携带一组绳索系统，以辅助攀登的方式接近被困人员（或者以其它方式接近被困人员）。

动作要领：

(1) 建立锚点，架设一组下放系统；

(2) 将下放系统与被困人员连接；

(3) 将被困人员的重量从横梁上转移到下放系统；

(4) 操作下放系统将被困人员释放到地面；

(5) 地面等待人员接手处理被困人员；

(6) 救援人员将下放系统改为可回收的绳索系统；

(7) 救援人员下降至地面将系统回收，救援结束。

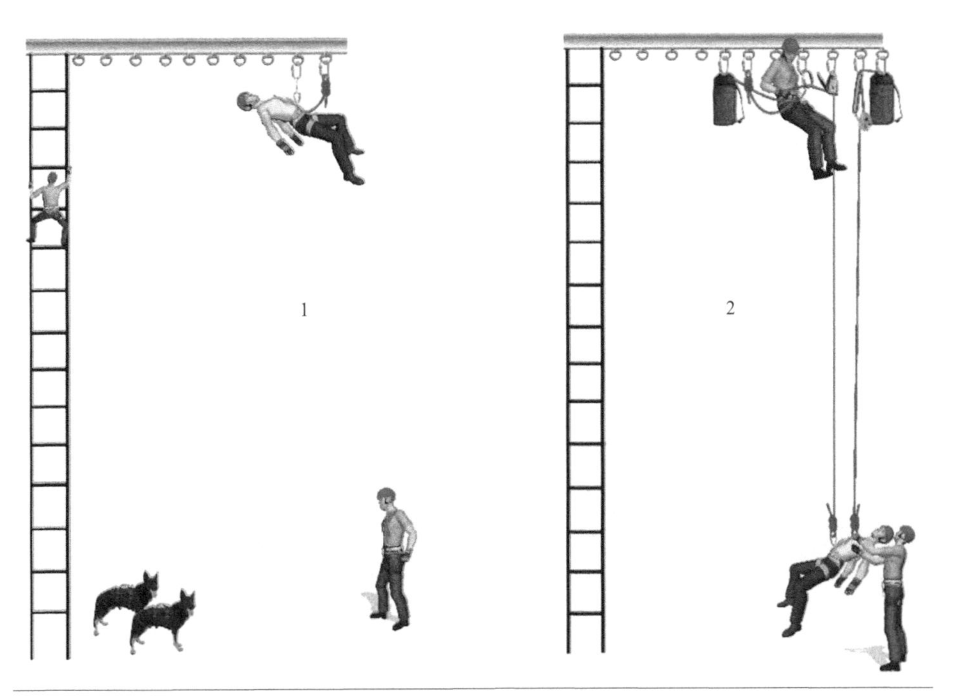

图5-26 辅助攀登救援技术操作示意图

8. 特殊悬挂状态下的救援技术（如图5-27所示）

特殊悬挂状态包括攀爬直梯时意外悬挂、垂直辅助攀登时意外悬挂等，推荐使用挂接式救援方法。

动作要领：

（1）救援人员通过架设绳索系统或者通过攀登技术接近被困人员；

（2）运用挂接式救援技术将被困人员营救至地面；

（3）救援结束。

图5-27　特殊悬挂状态下救援操作示意图

第六章

团队救援技术

技术操作的方式有多种，不同的操作人员和作业人员可能用不同的方法完成某一技术操作。不同的场景也会影响到具体的操作方式、方法，但不论用任何方法，安全始终是要第一考虑的因素。

第一节　团队绳索基础技术

一、担架相关知识

（一）担架的类型

高空绳索救援中常用的担架主要有篮式担架和卷式担架两大类型。

1. 篮式担架

它也叫船型担架（Stoke Basket），市面上常见的有铝合金、合成树脂两种类型；其造型与其名称很相似，像一艘“小船”。搬运被困人员时，被困人员被置于担架内，担架在四周“突起”边缘配合正面的扁带将被困人员“封闭”在担架内，这样就不会因担架的位移（翻转、摇晃）而使被困人员脱离担架。这种担架通常适用于常规的高空救援环境，如图6-1所示。

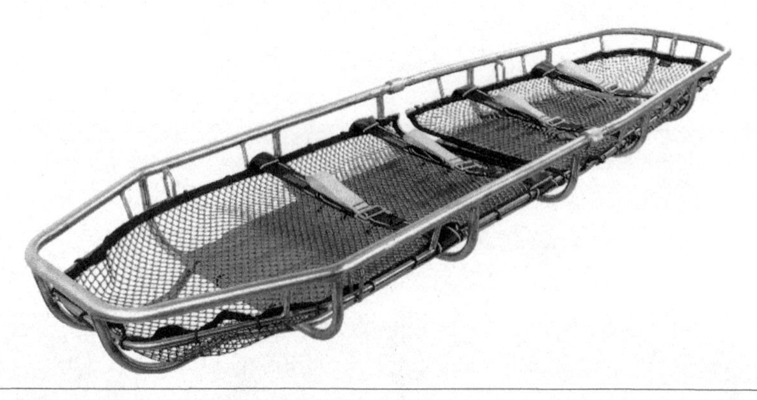

图6-1　篮式担架

2. 卷式担架

它也叫多功能担架（Sked），功能和使用方法与篮式担架基本相似，但与篮式担架相比，有重量更轻（8～12kg）、携带更方便等优点，可以卷缩在滚筒或背包中便携式携带。担架材料通常采用特种合成树脂，具有抗腐蚀性强、柔韧性好、承重能力高等特点，还可以根据特定需要设定各种颜色，但通常为橘黄色。卷式担架非常适用于各种有限或狭小空间等复杂环境救援中转运被困人员，但并不适合给脊柱受伤的人员使用，如图6-2所示。

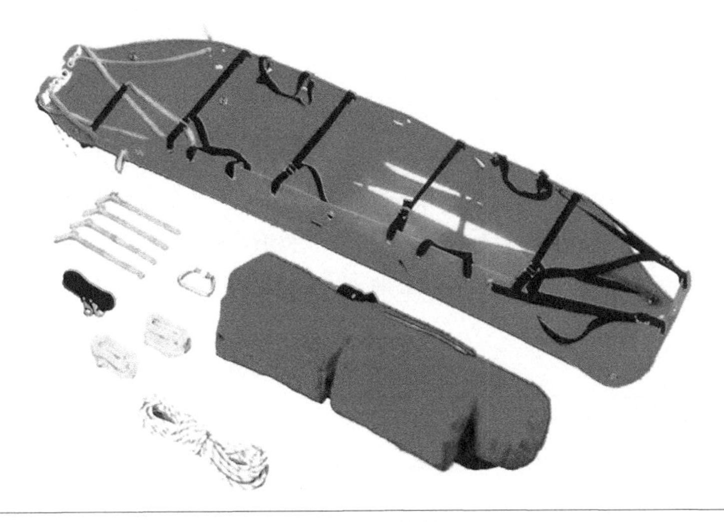

图6-2　卷式担架

（二）担架姿态调整

通常情况下，运用担架转运被困人员时，都会采用头稍比脚高的水平姿态，但在遇到狭小空间、受限环境等情况，担架水平姿态无法通过时，则需要将担架调整为垂直或倾斜姿态通过，此时担架陪护手的任务就是调整担架姿态，以便更好适应环境限制，快速通过障碍。担架姿态的调整是通过调节连接在担架上的提拉套装系统来完成，如图6-3所示。

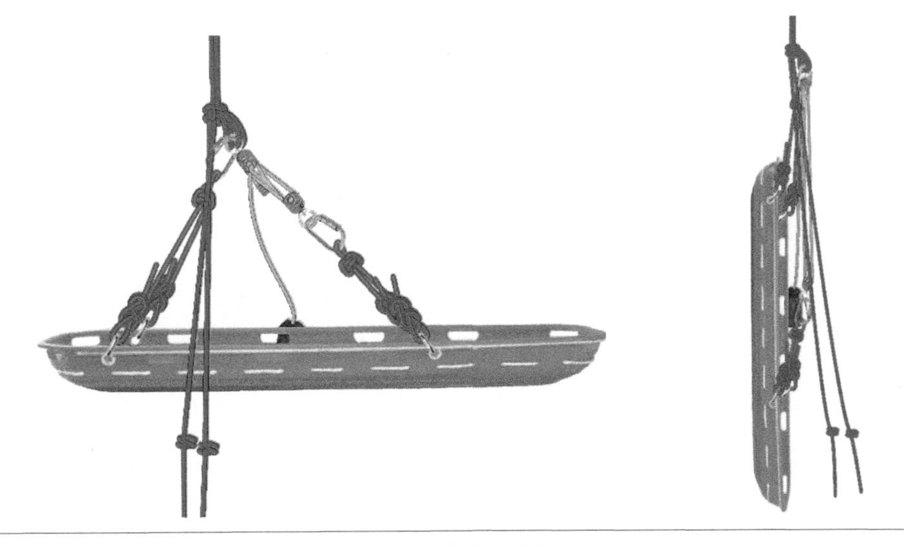

图6-3　担架姿态调整

（三）担架转运过程中的陪护

复杂地形环境中的伤员转运，通常需要有专人来辅助担架通过障碍物、狭小空间，以及规避转运过程中的相关危险因素。在陪护过程中，担架陪护手需要根据现场实际情况随时调整自身与担架的间距和位置，以便更好地辅助担架顺利平稳通过障碍和空间，主要有低位陪护、高位陪护和脱离伴随等三种陪护模式。

1. 低位陪护

它是最传统和最常用的陪护方式，担架陪护手容易接近伤者，方便照顾伤者，并且当地形环境处于垂直悬空时，低的位置可以提供最好的稳定性。如果伤者在担架中感到恶心或呕吐，则应将伤者稍微侧卧位，以便随时清理呼吸道，防止堵塞呼吸道导致窒息，如图6-4所示。

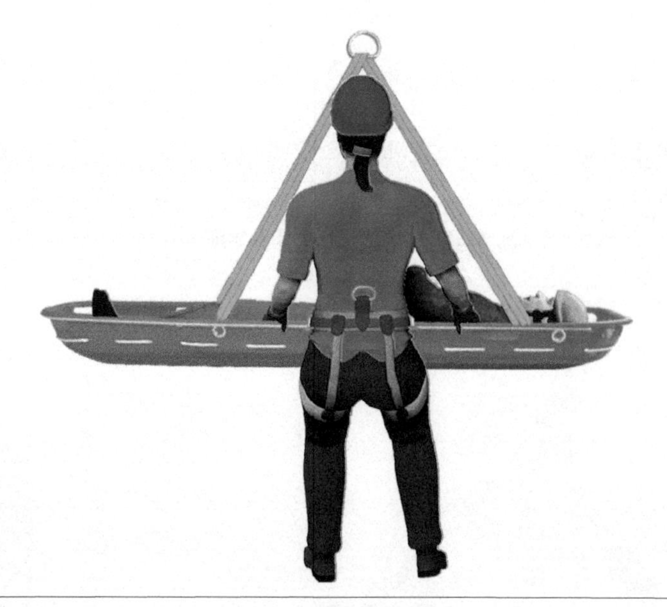

图6-4　担架低位陪护

2. 高位陪护

它主要在地形环境相对比较复杂的环境中，需要反复调整担架姿势时使用，主要优点是方便管理担架姿态和更容易辅助通过障碍，但稳定性较难控制，如图6-5所示。

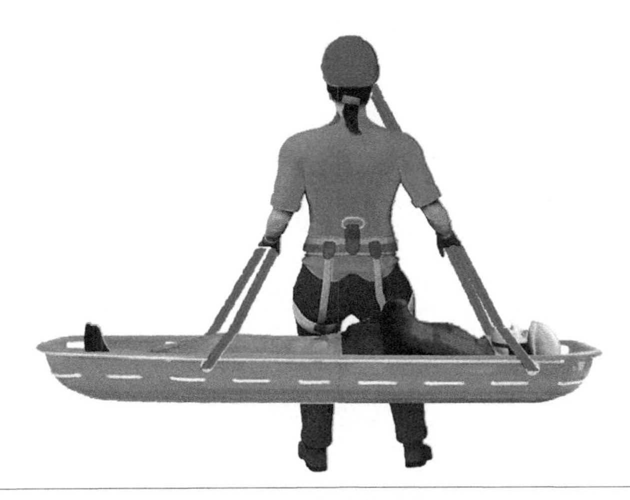

图6-5　担架高位陪护

3. 脱离伴随

它就是将救援人员与担架分开两组绳索独立受力和承重，通常用在开阔作业面、作业环境相对安全，或者与担架共同受力时有安全风险的情况中。其优点是能够节省拖拉人员体力，让担架可以更快回到地面，但担架陪护手位于另一组绳索上自主上升，更考验担架陪护手的体力与技术，如图6-6所示。

图6-6　担架脱离伴随

（四）担架进出低岩角技术

在绳索救援任务中，担架进出岩角是困扰救援者的一个难题，为解决该难题，本章节列举几种常用的担架通过岩角技术。

1. 担架横向（水平）进出低岩角

（1）担架横向（水平）进低岩角。

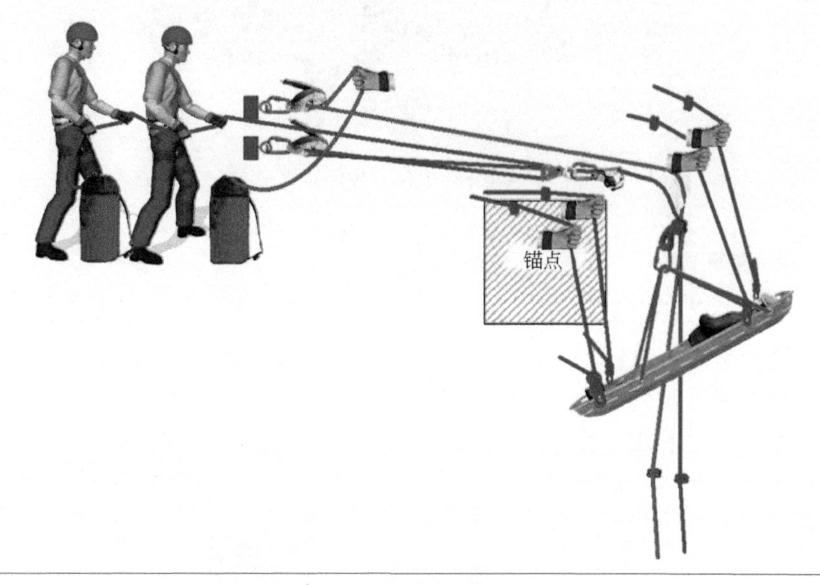

图6-7　担架横向进低岩角示意图

如图6-7所示，在很多实际救援场景中，现场无法建立高位锚点，只能采用低岩角技术。当担架提升至岩角位置时，受担架连接处绳结影响，担架无法再继续平稳提升，就需要采用一定技术措施来解决担架进低岩角难题。

动作要领：

① 担架陪护手使用四条短绳或者扁带与担架建立四个连接（首尾对称各两个）；

② 担架陪护手脱离担架，使用个人绳索技术到达上方安全区域；

③ 上方救援人员在做好个人保护后，配合提拉四条短绳将担架平稳提至地面安全区域。

注意：如岩角位置为负角度的情况下，可在担架两侧架设两组绳索系统，安排两名操作人员提前在岩角处等候，待担架抵达岩角后，担架陪护手使用四条短绳或者扁带和担架建立四个连接（首尾对称各两）。担架陪护手脱离担架，使用个人绳索技术到达上方安全区域，此时上方救援人员做好个人保护后，配合担架两侧的人员将担架平稳抬升至地面安全区域。

(2) 担架横向（水平）出低岩角。

如图6-8所示，利用担架转运骨折或者其它伤势严重的伤员，必须要做到担架平稳、安全，非特殊情况尽量采用水平姿态转运，防止对伤员造成二次伤害。

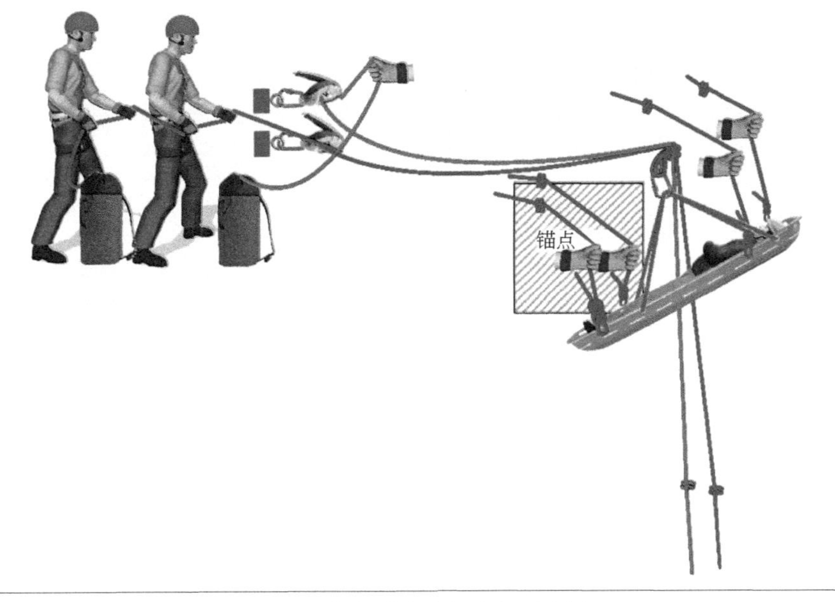

图6-8 担架横向出低岩角示意图

动作要领：

① 建立稳固的锚点系统，架设下放系统，并将担架连接至下放系统；

② 根据伤员伤情实际，采用合适的方法将伤员固定到担架内；

③ 使用短绳或者扁带在担架首尾各建立两处连接（共四处）；

④ 下放系统预留出一定绳长；

⑤ 将担架抬至岩角边缘，救援人员利用担架上提前连接的短绳或者扁带，将担架抬至岩角外并缓慢释放短绳或扁带；

⑥ 下放系统与担架连接处的绳结通过岩角并对绳索做好保护后，收紧下放系统让下放系统承受担架的重量后，继续释放短绳或者扁带直至短绳不受力，此时担架顺利通过低岩角。

注意：担架横向出低岩角并非仅此一种操作方法，为了担架更平稳地出低岩角，也可以在以上操作方式的前提下，架设两组绳索系统，安排两名操作人员在岩角处配合将担架平稳运送至岩角外。

2. 担架竖向（垂直）进出低岩角

（1）担架竖向（垂直）进低岩角。

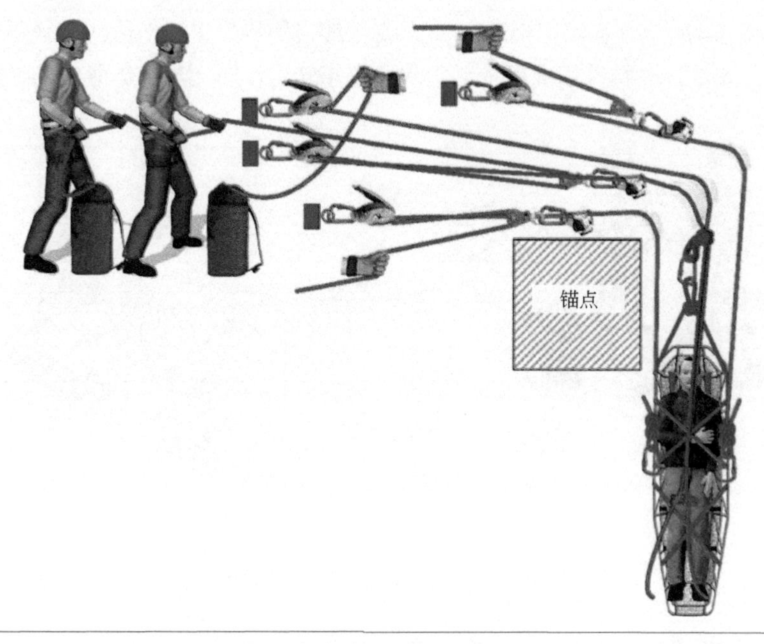

图6-9　担架竖向进低岩角示意图

如图6-9所示，在实际救援中，现场无法制作高位锚点，且伤员无明显骨折、内伤或严重创伤，在充分评估能接受担架竖直状态条件下，可以采用竖直姿态转运伤员。

动作要领：

① 担架接近岩角前，担架陪护手将担架调整为竖直姿态，继续提拉，将担架提拉至绳结接近岩角位置时停下；

② 将提前准备好的额外两套提拉系统（称为副提拉）挂接至担架两侧；

③ 担架陪护手运用个人绳索技术与担架脱离并达到上方安全区域；

④ 同时操作副提拉系统，将担架提升至担架高过岩角约1/3担架长度时，停止提拉；

⑤ 操作人员利用杠杆原理将担架翘起并拉至上方安全区域。

注意：副提拉系统有多种架设方式，若采用上述方法则需注意同步操作，避免担架倾斜。

（2）担架竖向（垂直）出低岩角。

如图6-10所示，担架竖向出低岩角方法与进的方法基本相同，要特别注

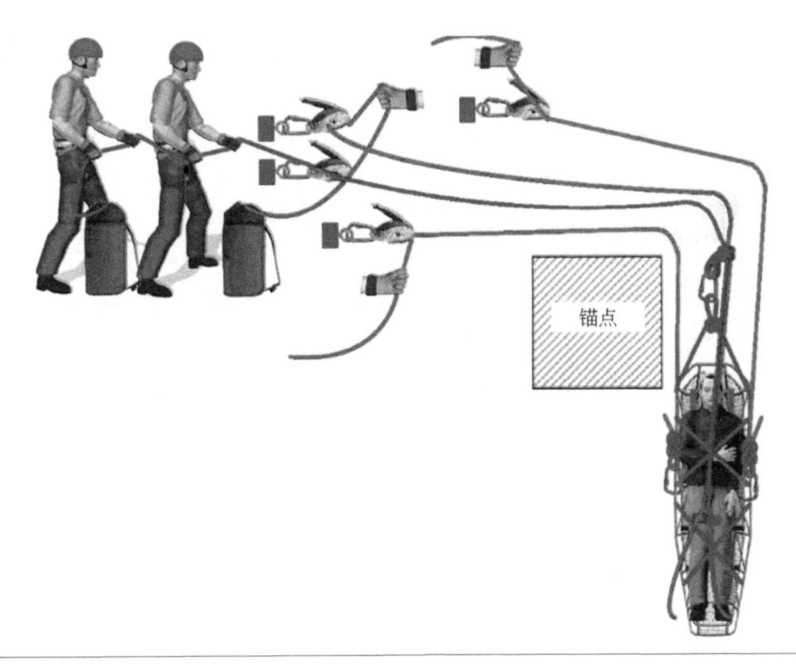

图6-10 担架竖向出低岩角示意图

意担架过低岩角时的角度和缓慢用力，防止幅度过大对伤员造成二次伤害。

动作要领：

① 建立锚点系统，并建立下放系统与担架做好连接。下放系统预留出足够长的绳索，确保能使担架通过岩角；

② 将伤员固定到担架内，建立副提拉系统并与担架连接；

③ 将担架推出岩角并将担架竖直，竖直过程中副提拉承重，主提拉不承重；

④ 当主提拉绳索与担架连接处的绳结通过岩角后，收紧下放系统并继续释放副提拉，使担架的重量转移至下放系统；

⑤ 担架陪护手使用个人绳索技术接近担架并挂接至下放系统中，拆除副提拉系统；

⑥ 操作下放系统将担架下放至安全区域。

注意：以上方法不具有唯一性，可在确保安全的情况下，根据现场实际情况灵活运用技术方法。

二、伤员固定至担架

伤员在转运的过程中，需要在担架内采用安全方式固定伤员，以免伤员在转运过程中从担架内掉落导致二次伤害。在担架内固定伤员可以减轻因转运途中的晃动或者颠簸给伤员的伤口造成新的伤害。伤员外伤严重或者有其它严重疾病时，在固定前要寻求专业的医护人员指导和辅助。这里推荐以下几种常见的伤员固定方式，如图6-11～图6-13所示。

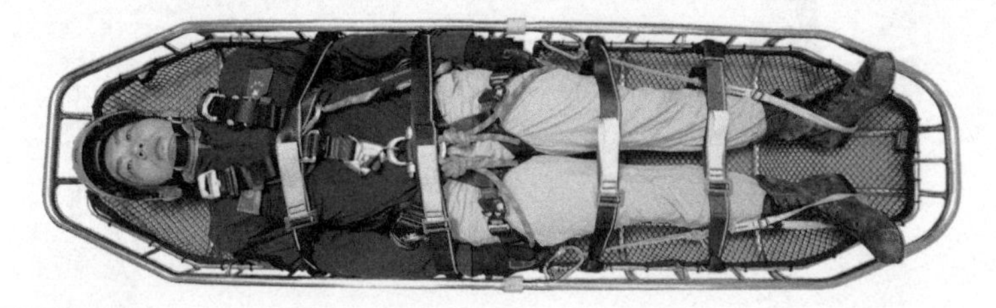

图6-11　伤员固定方式（一）

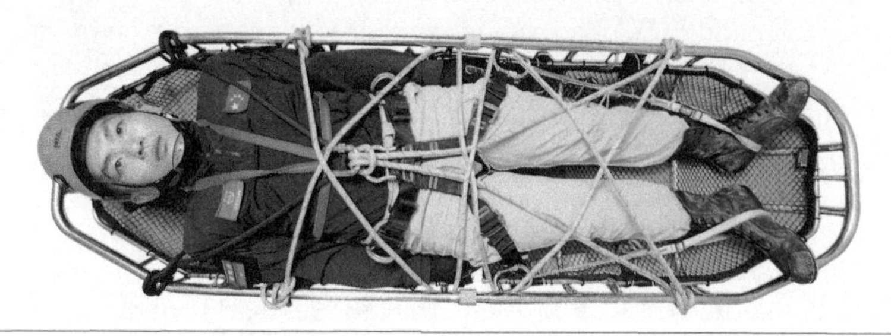

图6-12　伤员固定方式（二）

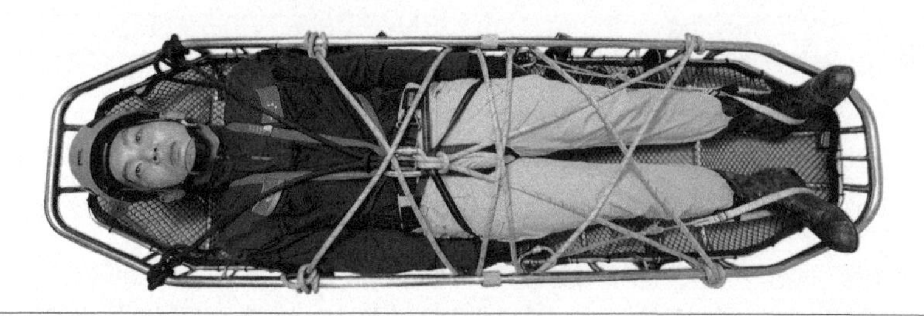

图6-13　伤员固定方式（三）

三、担架基础提拉技术

（一）基础平台拖拉系统架设

拖拉系统是绳索救援技术中的重要技术环节之一，是在救援过程中下放和提拉救援人员和被救者的核心技术系统，本节将主要展示提拉/下放系统的制作原理和方法。

1. 双受力绳系统（TTRS）

如图6-14所示，建立好锚点系统。

使用两条绳索，安装两套A-block（防止绳索回跑装置）和两套B-block（抓绳器和增益系统），两条绳索分别连接至所提拉的重物（担架），且同时受力，互为确保。

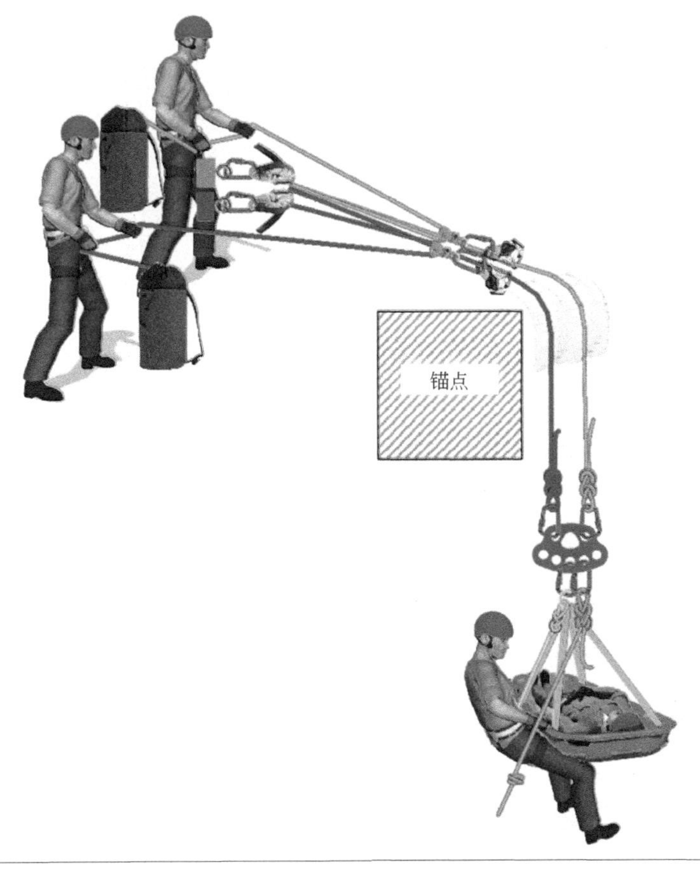

图6-14　双受力提拉系统示意图

2. 主副绳系统（DMDB）

如图6-15所示，建立好锚点系统。

使用两条绳索，建立一套提拉系统和一套后备系统，两条绳索均与担架连接，其中后备系统在提拉过程中不承重，只作为提拉系统的独立保护系统。

图6-15　主副绳提拉系统示意图

（二）下放系统

下放系统也分主副绳系统和双受力绳系统，架设原理与提拉系统相同，只需将提拉系统中的B-block拆除即可，如图6-16所示。

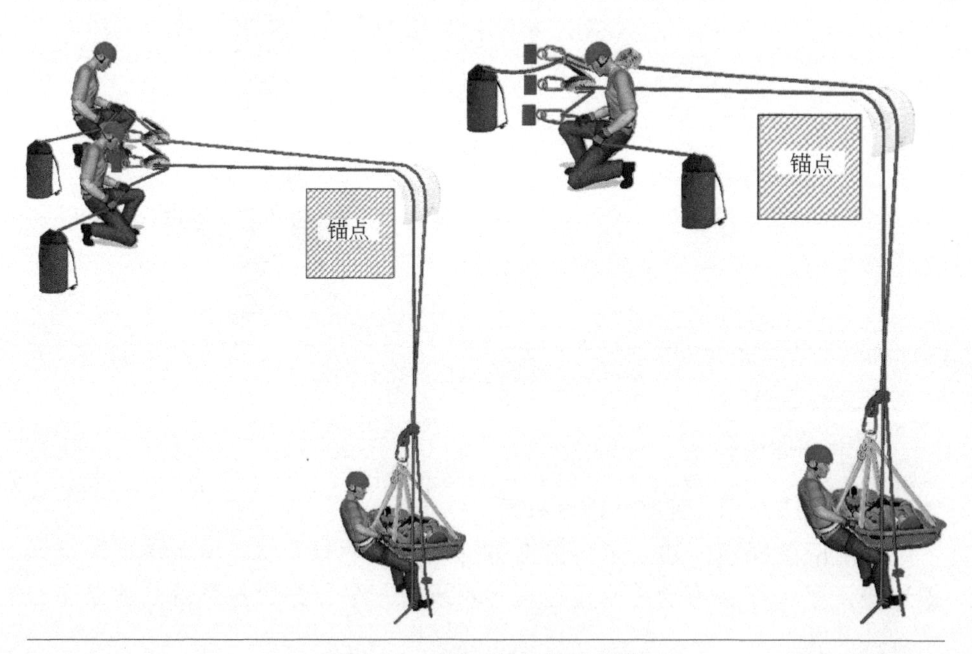

图6-16　两种下放系统示意图

注意事项：通常情况下，主副绳下放系统可单人操作，使用单个下降器释放重量超过120kg时，需要增加额外的摩擦装置，如摩擦锁。双受力绳系统需要双人操作，使用两个下降器释放重量不超过240kg时，无需增加额外的摩擦装置。

四、伤员空中入担架技术

因地形、环境等因素，营救被困人员无法短时间营救至地面时，可能出现伤员长时间在空中悬吊情况，伤员容易发生悬吊创伤综合症。如果短时间内不能将伤员营救至安全区域，建议在空中将伤员固定到担架内，以降低悬吊创伤发生的概率，如图6-17所示。

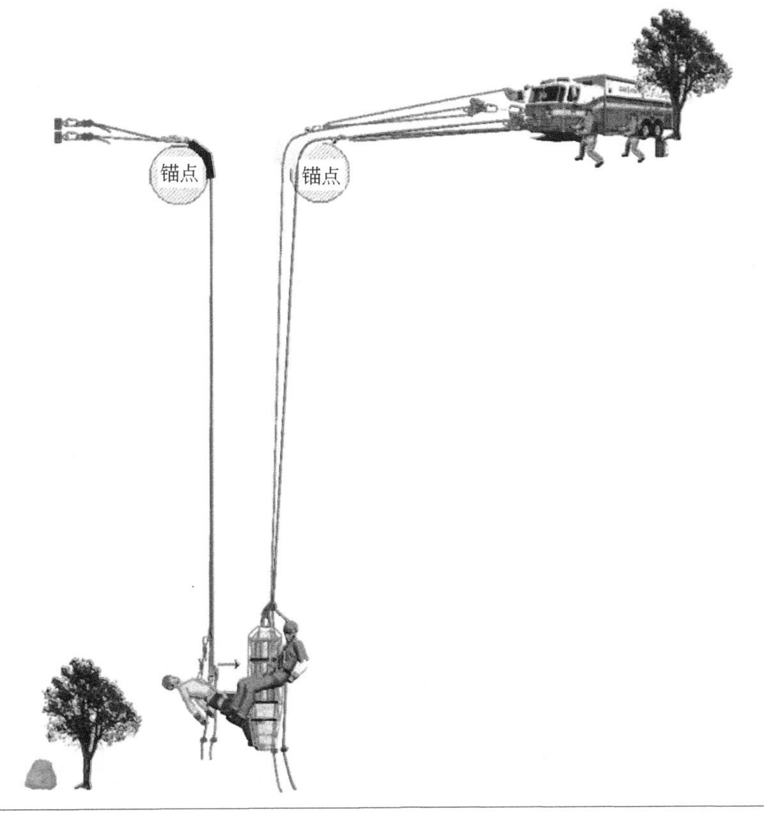

图6-17　伤员空中入担架技术示意图

动作要领：

(1) 在被困人员上方安全区域建立强壮锚点；

(2) 建立下放系统，将担架连接至下放系统；

（3）将担架推出并悬空，担架陪护手使用个人绳索技术挂接至下放系统上；

（4）操作下放系统将担架陪护手和担架下放至伤员所在位置；

（5）将伤员固定到担架内，使伤员平躺在担架里，若起初担架是竖直状态，则在伤员进入担架后将担架调整为水平姿态，然后再对伤员进行固定；

（6）固定好伤员，确认伤员有双重保护后，再拆除伤员原有的连接点；

（7）上方救援人员将下放系统改为提拉系统，将担架提拉至上方安全区域。

第二节　团队绳索救援技术

一、斜向救援技术

（一）基础斜向系统

基础斜向系统由一组轨道绳（绳桥）和一组牵引绳系统（提拉/下放）组成。提拉系统连接重物（担架），通过滑轮挂接至轨道绳上，可实现斜向转运，如图6-18所示。

图6-18　基础斜向系统示意图

1. 操作步骤（向下疏散）

（1）在转运目的地两端建立强壮锚点，架设一组轨道绳；
（2）在高处建立下放系统，并将下放系统通过滑轮挂接至轨道绳上；
（3）将担架挂接至系统上，操作下放系统将担架斜向转运至下方安全区域。

2. 应用场景

（1）高层建筑疏散被困人员；
（2）塔吊、摩天轮、游乐设施等结构、环境的高空营救。

3. 注意事项

轨道绳的架设需要遵循基础力学原理，轨道受力后形成的张角不可大于160°，系统架设要遵循双重保护原则。

（二）SKATE BLOCK系统

SKATE BLOCK的系统架设比较独特，它没有独立的轨道绳（绳桥）。绳索绕过上方转向滑轮（COD）后，一端连接至地面A-Block当做轨道绳和拖拉绳，另一端连接至担架并通过滑轮挂接在轨道绳上，如图6-19所示。

1. 操作步骤（高处斜向下疏散）

（1）在转运目的地两端建立强壮锚点；
（2）上方锚点安装转向滑轮（COD），下方锚点安装A-block；
（3）将绳索穿过上方转向滑轮，按照图示搭建好系统，并将伤员固定在担架内；
（4）下方人员操作系统将伤员斜向下疏散到安全区域。

2. 应用场景

此系统主要用于疏散高落差的被困人员，并在疏散的过程中使担架往外偏离，避免撞击垂直方向上的结构，并减少因风力等危险因素引起的摆荡，如塔吊、风力发电机、高楼救援等场景。

3. 注意事项

此系统没有独立的轨道绳，靠所挂接重物自身的重量将系统紧绷，因此无法像基础斜向系统做到精准定点下放。经过计算，使用此系统下放，担

图6-19 SKATE BLOCK系统示意图

架最终的落点会在上方转折滑轮与垂直面成30°角的向下延伸线与地面的交汇处。

（三）斜纵转换系统

斜纵转换系统的架设原理与SKATE BLOCK类似，同样是没有使用独立的轨道绳，绳索绕过上方转向滑轮（COD）后，一端连接至地面A-Block当做轨道绳和拖拉绳，另一端连接至所挂重物并通过单向止停滑轮挂接在轨道绳上。

由于挂接在轨道绳上的滑轮为单向止停滑轮，当担架运行到一定高度后，锁定单向止停滑轮，此时上方转折滑轮与单向止停滑轮之间的绳索形成一个闭合的绳环。操作下方A-Block缓慢释放绳索，担架会在重力作用下做钟摆运动，并逐步往垂直方向靠拢，实现斜向系统转变为纵向系统，如图6-20所示。

图6-20　斜纵转换系统示意图

1. 操作步骤

与SKATE BLOCK系统类似，只是将轨道绳一侧的滑轮改为单向止停滑轮。

2. 应用场景

主要用于营救悬吊在空中的人员，比如困在风机外壁的人员，困在塔吊立柱的人员，以及悬挂在桥梁下方的人员等。

3. 注意事项

斜纵转换系统同样没有独立的轨道绳，靠所挂接重物的自身重量将系统紧绷，因此无法像基础斜向系统那般做到精准定点下放。经过计算，用此系统下放重物（担架）最终的落点会在上方转折滑轮与垂直面成30°的向下延伸线与地面的交汇点处。

二、V型救援系统

V型救援系统由轨道绳（绳桥）和牵引系统组成。利用轨道绳和牵引绳的张紧和松弛来实现担架垂直方向的移动，牵引系统控制担架的水平移动，如图6-21所示。

图6-21　V型系统示意图

1. 操作步骤

（1）在两侧高地建立强壮锚点；

（2）架设轨道绳（绳桥），并将担架系统挂接至轨道绳；

（3）将牵引系统与担架系统连接；

（4）操作牵引系统将担架运送至所需位置，松弛绳桥使担架下降到所需位置；

（5）将被困人员固定至担架内，张紧绳桥使担架上升；

（6）操作牵引系统将担架提拉至安全区域。

2. 应用场景

由于V型系统担架垂直方向上的移动是依靠绳桥的张紧和松弛来实现，系统一般用在落差不大、空间比较开阔的场景，例如河道救援、山谷救援等。

3. 注意事项

轨道绳受力后张角不可超过160°，要遵循双重保护原则。

三、交叉拖拉（牵引）救援系统

交叉拖拉救援系统由两组提拉系统组成，依靠两套系统的张紧和松弛来实现担架在两地之间的二维转运，也可在转运过程中利用两套提拉系统来规避障碍，如图6-22所示。

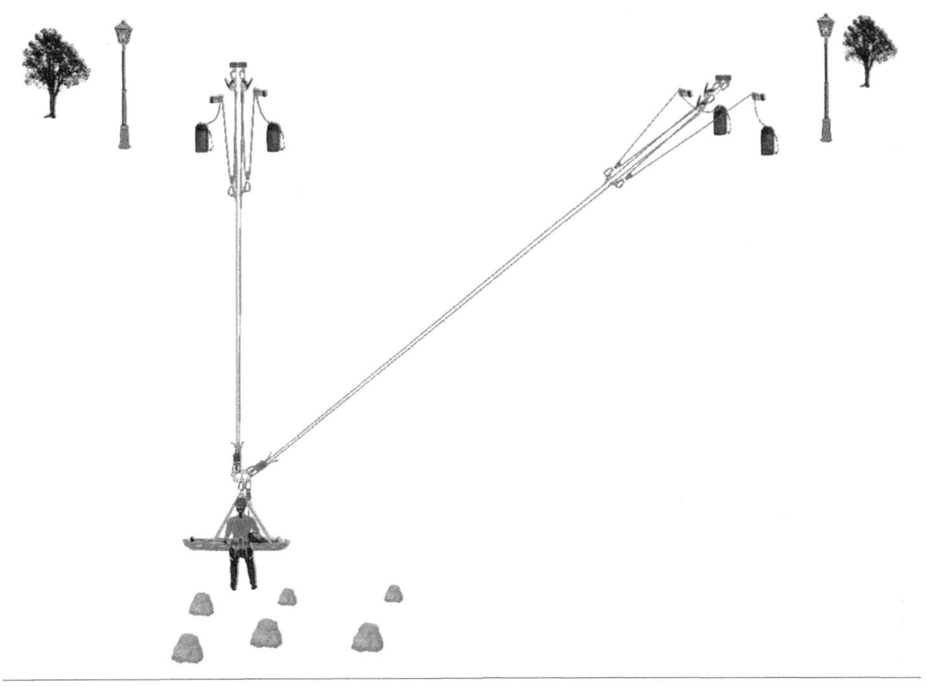

图6-22　交叉拖拉系统示意图

1. 操作步骤

（1）在两侧高地建立强壮锚点；

（2）架设两组提拉系统分别挂接至担架系统上；

（3）操作两组提拉系统将担架转运至安全区域。

2. 应用场景

交叉拖拉主要用于担架的二维转运。

3. 注意事项

操作时建议将两套系统设为主副绳系统，可以减少器材的使用，同时方便系统的操作。两套系统之间的夹角不得超过120°。

四、T型救援系统

T型救援系统由轨道绳（绳桥）、牵引系统和提拉系统三部分组成，轨道绳和牵引系统负责担架的水平移动，提拉系统控制担架的垂直移动。根据架设方式的不同可分为传统T型系统、日式T型系统和英式T型系统。

（一）传统T型救援系统

如图6-23所示。

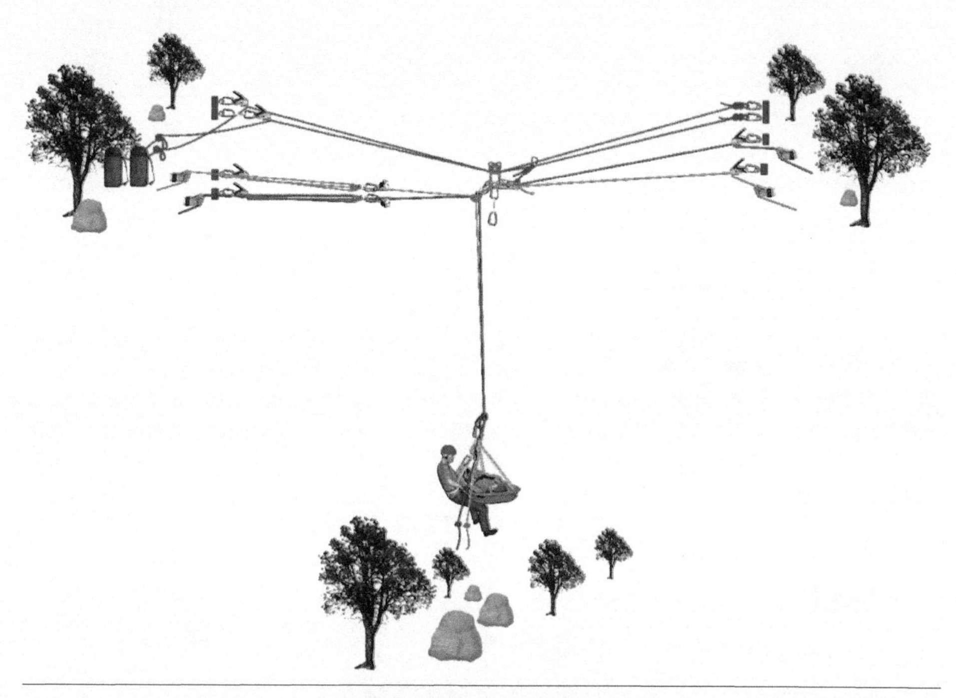

图6-23　传统T型系统示意图

（二）日式T型救援系统

如图6-24所示。

（三）英式T型救援系统

如图6-25所示。

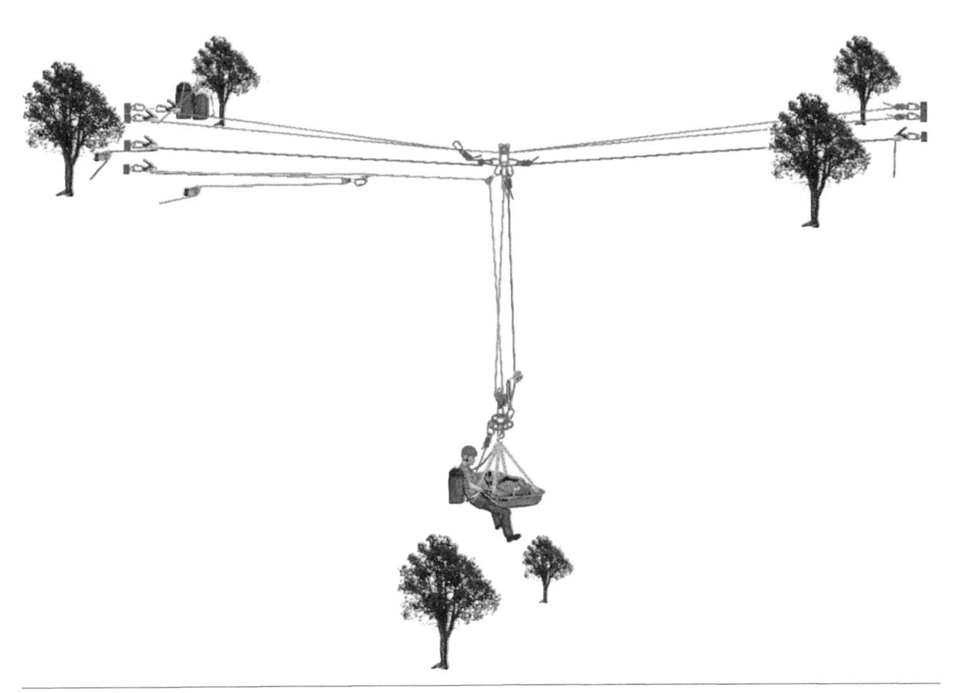

图6-24　日式T型系统示意图

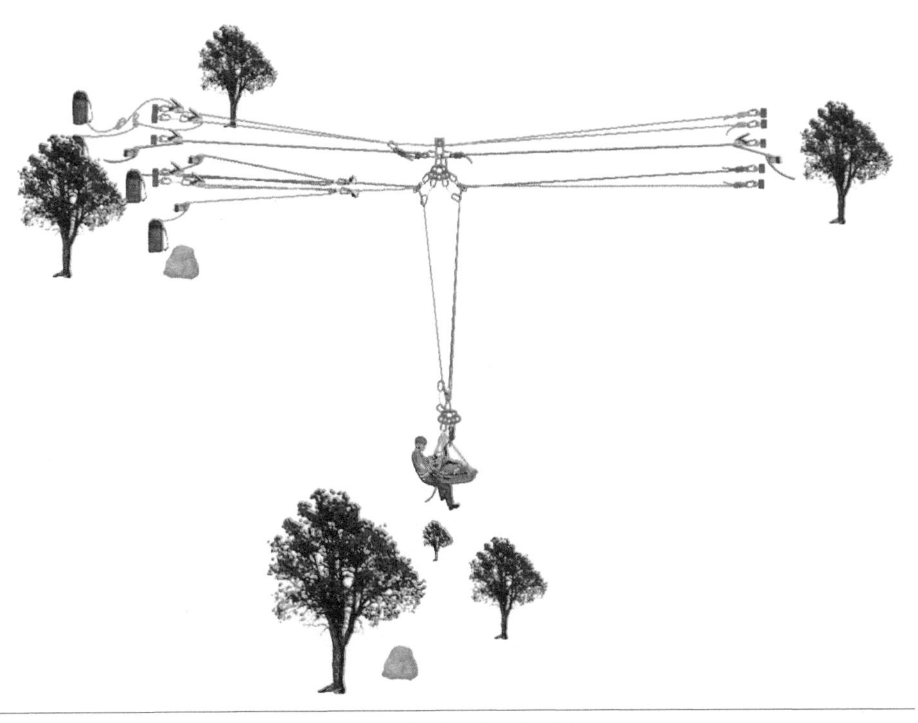

图6-25　英式T型系统示意图

1. 操作步骤

（1）在两侧高地建立稳固锚点；

（2）架设轨道绳（绳桥）、牵引系统以及提拉系统；

（3）将担架系统挂接至提拉系统；

（4）操作牵引系统将担架运送至所需位置，操作下放系统使担架下降到所需位置；

（5）将被困人员固定至担架内，下放系统改为提拉系统使担架上升；

（6）操作牵引系统将担架提拉至安全区域。

2. 应用场景

峡谷、山岳、高楼、深坑、河谷等环境救援。

3. 注意事项

轨道绳受力后张角不可超过160°。牵引系统的架设需要根据两侧锚点间的落差来确定是否需要备份，当两侧锚点间的连线与水平面形成的夹角超过15°时，高处锚点的牵引系统需要安全备份，反之则不需要。传统、日式和英式T型救援系统的提拉系统部分都需要遵循双重保护原则。

五、低中角度救援系统

低中角度斜坡救援是高处锚点与伤员之间的落差与水平面形成的夹角在0°～60°之间，当夹角介于0°～40°之间时，定义为低角度斜坡救援，当夹角介于40°～60°之间时定义为中角度斜坡救援。斜坡救援是使用绳索做安全备份，防止救援人员摔倒滚下斜坡，导致受伤而使用的救援系统，担架的转运主要依靠人力搬运，如图6-26所示。

1. 操作步骤（由下往上搬运伤员）

（1）在高处安全区建立强壮锚点；

（2）架设一组下放系统并与担架做连接；

（3）救援人员做好保护，抬着担架由上往下接近被困人员，沿途做好绳索保护；

（4）将被困人员固定至担架内，救援人员一边抬担架往上行进，上方人

图6-26　低角度救援系统示意图

员一边将绳索收紧，直至担架到达安全区域。

2. 应用场景

主要用于地势坡度较大，容易发生连续滚落或间接性滚落的斜坡、斜面环境救援。

3. 注意事项

低角度斜坡救援系统，可使用单绳为救援人员做安全备份；中角度斜坡救援须使用双绳为救援人员做安全备份。

六、可释放偏离点救援系统

可释放偏离点救援系统是指在主提拉系统行进的路径中途架设一组可调节的偏离系统，偏离系统与主提拉系统之间通过滑轮连接。通过调节偏离系统的行程来使主提拉系统偏离原始路径，从而达到规避障碍或者控制方向的目的，系统原理如图6-27所示。

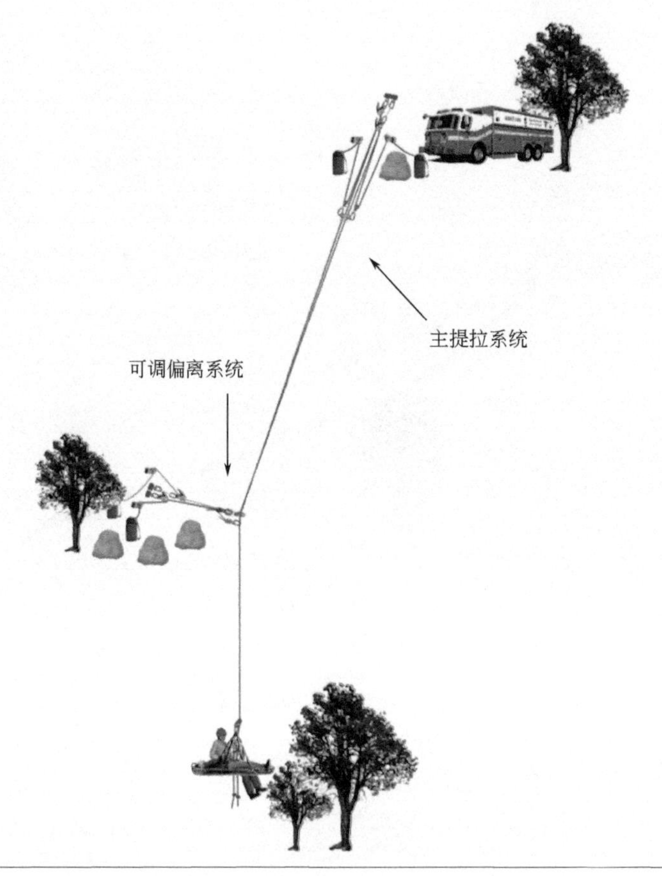

图6-27　可释放偏离点救援系统示意图

第三节　绳索技术训练原则

一、绳索技术训练时间分配

绳索救援技术学习训练包括理论、技术、战术、指挥和演练等内容，通常分为基础技术训练、场地技战术训练和室外实景训练、演练等三大部分，其训练时间分配按照4：4：2比例原则进行。

1. 基础训练占40%

主要学习规则法规、基础理论和训练基本的技术、系统架设。基础训练是熟练掌握和运用绳索救援技术的前提和基础，只有在所有队员都熟练基础训练的基本功之后，开展绳索技术系统的训练和实战救援，才会得心应手。

2. 场地技战术训练占40%

包括技术环节训练和合成系统训练，主要是在训练场或模拟场景中开展个人技术、团队技术和战术措施的训练与组织指挥，并且要根据队伍的训练情况，适当开展模拟情景进系统性合成训练。训练中要尽量做到：

（1）训练过程必须坚持不断地重复、重复地练习，做到熟之又熟。

（2）训练时每个队员要不断互换角色，做到每个人都要熟悉所有岗位和角色。

3. 实景训练、演练占20%

主要是在近似实际救援的情景与场地开展系统性、综合性的训练、演练和推演。训练中要重点把握以下几个方面：

（1）救援人员接触到被救者，以及开始评估被救者的耗时或用时；

（2）被救者所接受到的医疗处置情况；

（3）整体操作的安全性；

（4）整体操作的效率、流畅度；

（5）采取营救措施时是否考虑被救者的伤情；

（6）是否考虑被救者的感受，是否愿意接受采取的救援措施和模式；

（7）行动前是否多角度思考，是否还有可以改进的地方。

二、绳索技术训练原则

绳索技术训练和救援是一项需要密切配合和协同作业的团队活动，而不仅仅是简单的个人技术叠加和累计。在技术训练和救援行动中应坚持以下原则：

（1）救援队的队员必须要做到全员熟练掌握救援技术及技术应用，必须具备过硬的技术操作水平和综合判断能力。指挥官的选择和培养要作为团队工作中的重中之重，必须选择经验丰富、思维灵活、敏感性强的人员担任，切不可随意指认或临时安排。

（2）绳索团队是长期性、经常性协同配合训练的团队，要经常开展团体性实景训练、演练，并互换角色反复训练，以提升默契配合能力。

（3）每一次训练和实战行动中，不能有创建一个完全无懈可击的绳索系统的理想化意识。在实际过程中，往往是系统越复杂，花费时间越大，容易出错风险点就越多，越完美的系统反而可能衍生更多的危害与风险。

（4）绳索救援作业应根据事故现场情况灵活选择和应用技术，不能照搬硬套他人经验，或照抄书上内容。

（5）要建立坚持用更少器材完成最大效率救援的理念，减少对多样器材或众多不同器材的依赖，多考虑选用具备多重功效的器材，并善于用技战术措施弥补装备的不足和短板。

（6）不要去追求和力求建立最佳的绳索救援系统，救援作业过程中，要根据现场实际情况灵活选择和搭配运用。

第七章

指挥管理

绳索救援指挥管理是指通过建立完善规范的指挥体系架构，将救援队伍的人员按照责任和分工，有目的地进行科学筹划、组织和控制，进而形成系统性、规范性的组织指挥体系，统一指挥模式、规范作业程序、整合救援资源，最大限度提升队伍参与灾害事故救援的效率。

第一节　风险评估与管理

一、风险评估和要求

1. 风险和隐患的定义

风险是指一切因隐患而造成的伤害的概率或可能性（如坠落、灼伤）。隐患是指一切可能造成伤害的因素（如人的不安全行为，物的不安全状态）。

当人站在高处并且靠近边缘时，就会有坠落的风险存在。要降低风险，首先要做的是找出造成风险的根源所在，但在很多现实的情况中，隐患的根源不可能完全消除。因此，我们要接受隐患存在的现实因素，并且要采取相关的措施来降低意外发生的可能性。

2. 风险评估的定义

风险评估也可以称之为“作业安全分析”，是对作业场所和环境存在的可能对人员或财产造成损害的隐患进行仔细和系统化的检查。风险评估应当在作业开始，以及绳索技术装备选取之前就实施完毕。

3. 风险评估内容

（1）基本风险。属于主要风险，主要是指人员坠落的风险。

（2）环境风险。属于客观风险，主要是指与所在环境有关的风险，如所在位置的地势环境，区域天气状况，是否存在高空坠物风险，操作面湿滑程度，是否存在强风激浪，作业地周围结构强度，是否存在危险边缘，是否存在危险动物叮咬，以及其它不可控情况。

（3）间接风险。这类风险相对较小，但是也有可能造成人员坠落危险。如鞋底的抓地力差，突然升温或降温，突然丧失视觉，太阳辐射灼伤，人员头晕目眩，丧失平衡等。

（4）次生风险。发生坠落后，人员长时间悬挂在空中造成的悬吊创伤所带来的风险等。

4. 风险评估要求

（1）在实施风险评估时，要确认重大隐患、评估相关风险级别，同时指出当前和计划好的预防措施是否适合消除风险，并可以将其降至最低；

（2）对任何风险的判断都要考虑到可能受到伤害的人员总数，以及伤害的严重程度。

二、风险评估的基本步骤

1. 风险和隐患识别

（1）绳索技术团队实施操作的区域应当仔细检查，应当确认任何可能对绳索技术团队成员造成伤害的危险因素；

（2）在作业期间采取的任何可能带来危险的措施，如果可能对他人造成伤害，则应当优先确定为可能导致较大伤害或影响多人的危险；

（3）对于不是绳索技术团队的人员，但也是在绳索技术作业范围附近的人，也应当从绳索技术团队成员安全角度来评估风险。

2. 确认可能受到伤害的人员以及伤害的方式

识别和查找到隐患和风险后，要及时确认处于每种危险之中的团队成员及任何其它人员所面临的危险情况和程度。

3. 评估风险并确定预防措施

评估每种危险所带来的风险级别有多种方法。常用方法是采用风险矩阵法，如表7-1所示。这种方法是以数字的形式阐明了发生事故的可能性，以及上述事故带来的潜在后果或严重程度。风险级别是发生事故的可能性乘以事故严重程度或后果的值。

风险矩阵采用简单公式来表示：风险=可能性×严重程度

表7-1　风险评估矩阵表

	严重程度				
可能性	1	2	3	4	5
	1低	2低	3低	4低	5低
	2低	4低	6低	8中	10中
	3低	6低	9中	12中	15高
	4低	8中	12中	16高	20高
	5低	10中	15高	20高	25高

（1）如表7-1所示，事故发生的可能性有以下5个数字值等级：

1——极不可能发生；

2——可能性很小，但是曾经发生过；

3——发生频次很低；

4——偶尔发生；

5——经常定期发生。

（2）如表7-1所示，事故后果的严重程度也有以下5个数值等级：

1——较小的伤害，无需加班完成工作；

2——导致人员受伤需要治疗康复至少3天的伤害；

3——导致人员受伤需要治疗康复3天以上的伤害；

4——重大伤残（例如肢体或眼睛伤残）；

5——恶性死亡事故。

（3）将相应的数字相乘（如可能性列表的数值2乘以严重程度列表的数值4等于8）获得风险等级即风险值（见表7-1），最终数值可分为如下类别：

高（致命风险）：15～25；

中（重大风险）：8～12；

低（较小风险）：1～6。

（4）根据所计算出来的不同风险值而采取不同的措施，表7-2给出了针对表7-1得出的风险值（高、中或低）建议采取措施的示例。虽然风险矩阵方法很受欢迎，但是它得出的结果有很强的主观性，结果容易受人质疑。因此，如果要使用此种方法来完成令人满意的风险评估，则必须要以极其谨慎的态度来确定可能性与严重程度值。

表7-2　根据表7-1结果需采取的后续措施建议

表7-1风险值结果	建议措施
低（1～6）	或许可接受,但还需要审核任务看风险能否进一步降低
中（8～12）	如有可能，应当重新制定任务，将所涉及的风险考虑进去，或者应当在任务开始之前，进一步降低风险。在与专业人士及评估团队磋商后，可能需要取得适当的管理层授权
高（15～25）	不可接受。任务必须重新制定，或者必须采取进一步控制措施来降低风险。在任务开始之前，应当再次评估控制措施，看是否妥善

（5）另一种评估风险的方法是不采用风险矩阵法，而是直接给出一系列问题，然后由风险评估者给出具体答案。这种方法受到权威机构与其它机构

的青睐，因为它的主观性比风险矩阵方法要稍弱。

(6) 发现隐患和风险后，要及时消除隐患和风险，无法彻底消除时，要果断采取从强到弱的优先等级预防措施，防止危险和事故发生，如以下优先等级措施，1为最有力措施，6为最基础措施。

1——彻底解除危险；

2——尝试另一种危险较小的方案；

3——防止进入该危险区域（行政手段）；

4——组织施工以降低遭遇该危险的可能性；

5——提高通知警告、培训与督导的级别；

6——使用个人防护装备。

4. 记录风险和隐患，并通报给团队成员与相关人员

(1) 评估发现的风险和隐患，消除隐患所采取的措施，控制或降低风险至可接受水平等都要详细记录，并及时将风险评估的结果通报所有团队成员；

(2) 团队成员应当了解风险评估的内容，并遵循降低风险级别所需采取的措施；

(3) 绳索技术作业现场内部或周围的所有人员也应当了解绳索技术作业可能导致的风险，以及正在实施的预防措施。

5. 审核风险评估并对其进行修订（如有需要）

风险评估应当及时或定期进行审核，如果环境和情况发生变化还要进行修订和再次评估。

(1) 相同环境下时间变长危险也会发生变化；

(2) 新的装备、流程或材料可能会导致新的危险；

(3) 作业环境的变化可能带来新的重大危险，这些危险应当从作业环境本身来考虑，并采取任何必要的措施来保持较低的风险等级；

(4) 年轻或经验不足的人员加入团队可能需要采取额外的预防措施。

注意事项：表7-1和表7-2仅供参考。对于某些任务来说，可能需要不同的表格、表头与值，此表仅用于帮助读者理解某个机构组织所存在的某些隐患以及控制这些风险必须采取的措施步骤。本书中涉及的任何技术、方法、数据、措施都不是唯一的，不可一成不变地照搬照用，必须要结合实际情况合理选择和灵活应用。

第二节　指挥管理人员资质

绳索技术救援指挥体系分为指挥管理、救援行动和保障三大部分。指挥管理包括指挥官、副指挥官、安全官和信息分析等；救援行动包括评估研判、搜索营救单元；保障包括宣传、医疗、物资管控和装备管理等单元。各单元之间协调运作，统一指挥模式及工作方式，以便于整合各种救灾资源，执行各项救援任务。

一、指挥管理体系

绳索救援指挥管理体系分为指挥、执行两大模块。指挥体包含指挥官、副指挥官、安全官（3人）；执行体包含计划指挥、信息分析、搜索、行动、医疗、物资管控、宣传等。执行体可视救援规模大小进行扩大或者缩小，见表7-3所示。

表7-3　绳索救援指挥管理体系层级

模块	功能组	备注
指挥模块	指挥官、副指挥官、安全官	队长、副队长和安全员
行动模块	信息分析单元、侦察搜索单元、营救行动单元	先锋、系统人员
保障模块	医疗单元、物资管控单元、宣传单元	政工宣传、后勤保障人员

二、管理岗位资质

绳索救援队的指挥管理岗位人员应从事绳索救援作业5年以上，且具备综合管理能力，事业心和责任感强。管理指挥包括队长、副队长、安全官等3个指挥管理岗位。

1. 队长

经过国家相关职能部门认证或绳索救援技术行业部门认可的救援技术培训机构、单位组织的高级培训和考核合格，并持有国家或部门颁发的高级绳索救援相关技术证照。取得S5等级岗位资质，同时至少累计5000小时以上专业技术领域的工作经历。

2. 副队长

经过国家相关职能部门认证或绳索救援技术行业部门认可的救援技术培训机构、单位组织的中级以上培训和考核合格，并持有国家或部门颁发的中级以上绳索救援相关技术证照。取得S4等级岗位资质，同时至少累计3000小时以上专业技术领域的工作经历。

3. 安全官

经过国家相关职能部门认证或绳索救援技术行业部门认可的救援技术培训机构、单位组织的中级以上培训和考核合格，并持有国家或部门颁发的中级以上绳索救援相关技术证照。取得S4等级岗位资质，同时至少累计3000小时以上专业技术领域的工作经历。

第三节　救援指挥和行动程序

一、救援行动程序

绳索救援的运行程序是指在整个救援过程中，从准备开始任务到完成任务后总结的完整的行动流程，包含了准备、营救、撤离和总结四个阶段，按照各阶段进行流程化作业，进而形成标准的救援行动程序闭环，如图7-1所示。

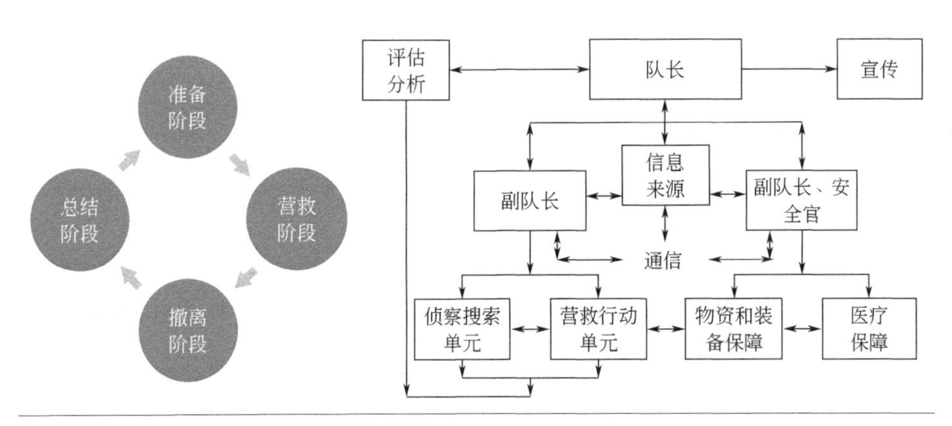

图7-1　绳索救援指挥管理流程图

二、指挥与行动流程表（表7-4）

表7-4　指挥与行动流程表

任务	具体内容	备注
第一阶段：准备阶段		
平时准备	挑选合格并能胜任救援任务的队员担任相应的岗位； 参考建队标准以及救援需求配置相应的器材装备； 开展相应的培训以及还原事故场景开展训练	
出动准备	搜集掌握灾情相关信息； 人员装备集结； 动员及发布出动命令	
第二阶段：营救阶段		
侦查评估	到场后，对现场情况开展侦查，明确灾情状况； 评估救援现场环境安全	
制定方案	侦查评估及伤员情况，制定可行救援计划； 论证救援方案可行性； 上报指挥员，并经批准后进入下一个救援环节	
任务分工	明确救援职责； 部署救援任务	
伤员处置	评估伤员伤情； 稳定伤员情绪； 开展紧急救助	
营救人员	建立营救路线通道； 明确安全要求； 开展营救措施	
第三阶段：撤离阶段		
现场移交	救援结束后，将现场移交当地有关部门； 明确移交形式和内容	
整理装备	收整救援装备器材； 清点装备数量，整理上车； 记录装备丢失及损坏情况	
清点人员	救援结束后，现场集合人员； 检查人员数量和个人状态	
第四阶段：总结阶段		
撰写总结	根据救援情况，撰写事故救援报告总结，形成经验	
召开会议	召开救援总结会议，制定完善救援措施； 部署下阶段技战术训练内容	

三、现场管理

现场管理是指在训练或实战救援情况下，对救援现场的人员、装备、作业安全等进行统一管理，确保现场救援行动科学规范、严密有序。

1. 行动通信手语

主要用于在无电子通信或保障中断的情况下，或者在极端环境中，无线通信受到干扰，无法保障正常通信时所用的简易通信和指挥方式。通信手语可以相互约定，无统一定势。手语编定时要示意简单、易于观察，不宜过多过繁。通常情况下，绳索作业的环境都比较特殊，手语受环境、视线和距离等因素限制，仅仅作为紧急联络时通信和指挥使用，如图7-2所示。

准备完毕（手指并拢点头三下）

上升提拉（单手挥臂）

下降释放（单手划圈）

停止（双手T形交叉或单手握拳）

图7-2

向左（左手向左摆动）

向右（右手向右摆动）

向前（右手向前摆动）

向后（右手竖大拇指向后摆动）

图7-2　通信手语示例

注意：每次手语通信动作至少重复2遍以上。

2. 身份识别管理

绳索救援队在开展营救行动时，因场地、环境、距离等客观因素限制，通常按照职务和岗位设置不同颜色标识，以便从视觉上直观区分不同岗位和不同职务的人员，如表7-5所示。

表7-5　绳索救援岗位颜色标识

颜色	类别	简称	备注
红	指挥官	ZH	队长
红	副指挥官	FZH	副队长
白	安全官	AQ	安全官
黑	教员	JY	教官
黄	行动组	DY	队员
绿	保障	BZ	后勤人员
白	医疗组	YL	医疗官
注：以上颜色可以用头盔整体颜色表示，也可以单独制作颜色标识卡。			

3. 表格管理

（1）行动评估表

行动评估表主要用于在绳索救援中，对作业环境、救援风险、工作场地等进行全面评估时填写的表格，通常由先锋官或副队长填写并保存，填写内容如表7-6所示。

表7-6　绳索救援行动评估表

<table>
<tr><td>队伍名称</td><td colspan="4"></td></tr>
<tr><td>救援位置</td><td colspan="4"></td></tr>
<tr><td rowspan="4">评估因素</td><td>受困人员数量</td><td></td><td>现场环境</td><td></td></tr>
<tr><td>被困环境</td><td></td><td>救援难度</td><td></td></tr>
<tr><td>锚点</td><td></td><td>救援装备配置</td><td></td></tr>
<tr><td>救援距离</td><td></td><td>注意事项</td><td></td></tr>
<tr><td>特别提示</td><td colspan="4"></td></tr>
</table>

续表

现场草图
年　　月　　日　　时　　分

(2) 伤患者评估表

伤患者评估表主要用于在绳索救援中，医疗人员接近伤患者时，按照医疗处置程序对伤患者进行的检查、分析和评估，记录相关信息和处置情况，以便后续转交医院救治时医疗人员准确了解掌握初期急救处置情况。通常由医疗官负责填写，并随伤患者一同附带移交，填写内容如表7-7所示。

表7-7　伤患检查与记录表（与伤患一同附带）

第一时间检查：呼吸道、呼吸、心跳脉搏，以及大出血，并进行急救处理，稳定生命体征			
事发经过			
受伤部位			
脉搏次数	每分钟	呼吸次数	每分钟
全身检查记录			
头部	头颅—是否有外伤		
耳鼻—是否有液体流出	有无或其它		
眼睛—瞳孔反应	有无或其它		
下巴—是否固定	有无或其它		
嘴巴—有否外伤	有无或其它		
颈部	外伤或变形		
胸部	是否对称或有位移现象		

全身检查记录		
腹部	外伤或硬块	
骨盆	是否固定	
四肢	伤口、变形、感觉、动作 伤口下方的脉搏情况	
背部	外伤或变形	
皮肤	颜色、温度、湿度	
意识状况	声音反应、痛楚反应	
疼痛与部位	检查与患者表述	
推测伤害		
急救处理过程	外伤处理/休克处理/人工呼吸或CPR 开始与结束时间	
病史询问	药物过敏/特殊疾病/服药状况	

信息记录							
伤患姓名		年龄		性别		出生 日期	
伤患联络人		关系		电话		地址	
急救员		电话		地址			
咨询医师		电话		地址			
记录人				日期			

生命征象记录							
时间	呼吸状况	脉搏 频率	伤口后方 脉搏状况	瞳孔	皮肤	意识	其它
	深、浅、杂音、费力	强、弱、规律、不规律	强、弱、无	两边大小、光线反应、放大	颜色、温度、湿度	清醒、模糊、昏迷	疼痛、焦躁、口渴、其它

（3）队员训练档案管理

队员训练档案主要用于绳索救援队员的基本信息、培训训练、比武竞赛、荣誉贡献、训练时间、训练评定等信息记录，便于了解掌握队员自身训练情况，统筹规划队员个人发展方向，主要由副队长填写并保存，内容如图7-3所示。

【RT-】 【内部资料】

队员训练档案

姓名：________

中国救援广东机动专业支队制

二〇二〇年三月一日

绳索救援队队员基本情况

<table>
<tr><td rowspan="4">基本情况</td><td>姓名</td><td></td><td>性别</td><td></td><td>籍贯</td><td></td><td>民族</td><td></td><td rowspan="3">照片</td></tr>
<tr><td>文化程度</td><td></td><td>政治面貌</td><td></td><td>入队时间</td><td></td><td>出生年月</td><td></td></tr>
<tr><td>职务</td><td></td><td>联系电话</td><td></td><td>身份证号</td><td></td><td></td><td></td></tr>
<tr><td>家庭住址</td><td colspan="7"></td><td></td></tr>
<tr><td>个人简历</td><td colspan="9"></td></tr>
<tr><td>健康情况</td><td colspan="9"></td></tr>
<tr><td>个人愿景</td><td colspan="9"></td></tr>
</table>

绳索救援队队员参加专业培训记录

序号	内容	日期	地点	效果
1				
2				
3				
4				
5				
6				
7				
8				
9				
10				
11				
12				

绳索救援队队员参加专业比赛记录

序号	内容	日期	地点	成绩
1				
2				
3				
4				
5				
6				
7				
8				
9				
10				
11				
12				

绳索救援队队员贡献和荣誉记录

序号	内容	日期	地点	奖励
1				
2				
3				
4				
5				
6				
7				
8				
9				
10				
11				
12				

绳索救援队队员训练情况评定表

第一季度【　　年】							
训练态度				训练素养			
优	良	中	差	优	良	中	差
发挥作用				团结互动			
优	良	中	差	优	良	中	差
综合评定							
队员签名				队长签名			
第二季度【　　年】							
训练态度				训练素养			
优	良	中	差	优	良	中	差
发挥作用				团结互动			
优	良	中	差	优	良	中	差
综合评定							
队员签名				队长签名			
说明	评定采用全体队员民主无记名方式进行，以单项打分和平均分计算记录最后分数、等级，60分以上为差，60(含)-75分为中，76-80分为良，90分以为上优。 季度评定有两项为差的，综合评定为差；有三项为中的，综合评定为中；在全部中的基础上，有两项良以上的，综合评定为良；在全部良的基础上有两项以上为优的，综合评定为优。 年度两次差的，评定为差；有三次中的，综合评定为中；在全部中的基础上，有两次良以上的，综合评定为良；在全部良的基础上，有两次上为优的，综合评定为优。 年度综合为优的，实施专项奖励；评定为差的，必须退出救援队。						

绳索救援队队员训练时间登记表

序号	训练内容	日期	地点	时间(h)	累计(h)	记录

图7-3　队员训练档案记录表

(4) 装备检验管理表

装备检验管理表主要用于绳索救援装备从采购配置、首次使用、状态检查、检查保养、检验测试到报废淘汰等集管、用、维、检为一体的一系列闭环管理措施的信息记录，便于清楚了解掌握每个装备的使用情况和状态，避免因装备问题导致在操作中发生危险。该表主要由装备管理人员填写并保存，内容如表7-8所示。

表7-8 装备管理记录表

ID号	种类	生产商	型号	出厂编号	生产日期	购买日期	启用时间	当前状态	当前位置	检验情况1			检验情况2			备注
										检验日期	检验情况	检验人	检验日期	检验情况	检验人	

(5) 救援行动安全检查表

安全检查表主要用于救援行动中，对作业环境、区域划分、队员防护、救援行动管控和无关人员警戒的检查记录表，通常由安全官负责填写并保存，内容如表7-9所示。

表7-9　救援行动安全检查表

检查项目	内容							
现场控制	设定作业区及安全情况	设定安全区及安全情况	设定器材放置区及安全情况	设定伤员运输区及安全情况	确定撤离路线及集结点情况	确定撤离信号	无关人员的管控情况	备注
救援人员进入场所情况	人员、数量、	进入时间、撤离时间	人员、数量、	进入时间、撤离时间	人员、数量、	进入时间、撤离时间	人员、数量、	进入时间、撤离时间
救援人员个人防护	头盔	救援服	救援手套、鞋	口罩	护目镜	急救包	个人绳索装备	其它
救援行动的安全情况	进入作业区的人员、数量	进入时间、撤离时间	进入作业区的人员、数量	进入时间、撤离时间	进入作业区的人员、数量	进入时间、撤离时间	进入作业区的人员、数量	进入时间、撤离时间
	作业装备的安全	个人装备	器材使用安全	作业人员安全	造成被困者二次伤害	救出人员的防护	其它	
	现场作业的环境	现场作业中造成环境变化	现场检测1	现场检测2	现场检测3	现场检测4	现场检测5	其它
	发出撤离信号原因	发出撤离信号时间及恢复工作时间	发出撤离信号原因	发出撤离信号时间及恢复工作时间	发出撤离信号原因	发出撤离信号时间及恢复工作时间	发出撤离信号原因	发出撤离信号时间及恢复工作时间

（6）营救行动记录表

营救行动记录表主要用于在绳索救援行动中，对救援行动的人员、装备、方案、过程进行全流程记录，便于准确掌握营救行动的整个过程，为后续复盘总结留存资料数据。该表通常由行动人员负责填写，内容如表7-10所示。

表7-10 营救行动情况表

<table>
<tr><td>救援队名称</td><td colspan="4"></td></tr>
<tr><td>工作场地名称及位置</td><td colspan="4"></td></tr>
<tr><td>开始时间</td><td>月 日 时 分</td><td colspan="2">结束时间</td><td>月 日 时 分</td></tr>
<tr><td rowspan="3">营救方案</td><td>人员结构</td><td colspan="3"></td></tr>
<tr><td>装备配置</td><td colspan="3"></td></tr>
<tr><td>安全措施</td><td colspan="3"></td></tr>
<tr><td rowspan="5">营救过程</td><td>方案确定</td><td>时 分</td><td>作业实施</td><td>时 分</td></tr>
<tr><td>接近受困者</td><td>时 分</td><td>现场急救</td><td>时 分</td></tr>
<tr><td>救出受困者</td><td>时 分</td><td>移交受困者</td><td>时 分</td></tr>
<tr><td></td><td></td><td></td><td></td></tr>
<tr><td></td><td></td><td></td><td></td></tr>
<tr><td>行动小结</td><td colspan="4"></td></tr>
<tr><td colspan="5">负责人： 年 月 日 时 分</td></tr>
</table>

第八章

医疗急救技术

绳索救援是一项高风险、高难度、高技术的综合型救援技术，救援所涉及的环境通常比较危险复杂。救援中涉及的医疗急救工作属于院前医疗急救范畴，承担医疗急救岗位职能的救援人员通常要在药品不全、器材欠缺、环境险恶的情况下去执行紧急医疗急救处理任务，同时还要承担队伍中所有队员自身的医疗急救处置工作，保障队员自身身体和生命安全。因此，担任绳索救援队的医疗救援人员，必须具备高强体力、专业技术能力和素质，行动中除了携带本身所需的救援装备外，还要携带额外必备的医疗药品和器具。

第一节　人员等级及能力要求

绳索救援队结构组成中必须编配有急救技术员资格的医疗急救人员（医疗官或医疗员），其中一级救援队至少配备1名，二级救援队至少配备2名以上，三级救援队必须配备3名以上。

一、医疗急救人员等级

医疗急救人员分为医疗员、医疗师和医疗官三个级别，其中医疗员为初级，应具备初级医疗急救技术能力资质；医疗师为中级，应具备中级医疗急救技术能力资质；医疗官为高级，应具备高级医疗急救技术能力资质。

二、资质与能力要求

（一）医疗员（初级）

1. 资质要求

经过国家认证或医疗行业部门认可的医疗培训机构、单位组织的初级培训和考核合格，并持有国家或医疗部门颁发的初级急救医疗相关基础证照，同时需经过至少10小时以上专业基础急救医疗训练。

2. 能力要求

（1）具备初级医疗急救能力，能对伤患者进行系统性评估；

（2）能对伤患者失温、过敏、叮咬等进行有效处置；

（3）具备心肺复苏，以及实施一般性骨折、稳定性伤害和单个肢体夹板固定处置能力；

（4）具备对伤患者体温过低、体温过高、溺水，以及基础伤口处理能力；

（5）具备对伤患者基础担架转运解救能力；

（6）具备处置早期高原反应等高山病的有效处理能力。

（二）医疗师（中级）

1. 资质要求

取得初级医疗急救资质和能力水平，并经过国家认证或医疗行业部门认可的医疗培训机构、单位组织的中级培训和考核合格，并持有国家或医疗部门颁发的中级急救医疗相关认证和证照，同时需经过至少30小时以上专业基础急救医疗训练。

2. 能力要求

（1）具备远离城镇、条件恶劣、环境复杂（山岳、高空、峡谷、深山、高山）情况下，连续3日以上开展急救工作能力；

（2）具备对伤患者进行独立系统性评估能力；

（3）具备成人CPR CCF 70分以上能力，实现基本生命支持能力；

（4）具备对伤患者程度较重的肌肉骨骼伤害、血液循环系统、呼吸系统伤情等进行处理的能力；

（5）具备基础担架移动伤员能力；

（6）具备肢体固定、紧急止血、大创面伤口快速处理技术能力，并可以在无条件状况下自制器具搬运伤患者。

（三）医疗官（高级）

1. 资质要求

取得中级医疗急救资质和能力水平，并经过国家认证或医疗行业部门认可的医疗培训机构、单位组织的高级培训和考核合格，并持有国家或医疗部门颁发的高级急救医疗相关认证和证照，且具备临床经验，同时需经过至少50小时以上专业基础急救医疗训练。

2. 能力要求

（1）具备CPR（成人、儿童）心肺复苏、基本生命维持等处置能力；

（2）具备对严重过敏及哮喘、高山病的紧急处理能力；

（3）具备对体温调节、叮咬伤、雷击伤害、开放式骨折、裂伤、烧伤和水泡等伤害处置能力；

（4）具备对脱臼、固定夹板、缠绷带和担架固定等恶劣环境下伤患者处置能力。

第二节　医疗急救处置程序

绳索救援队医疗急救人员在接触和处置伤患者时，必须具备相应资质和医疗急救处置技术能力，必须严格按照医疗急救处置流程和要求进行医疗急救处置，最大程度保障伤患者生命安全。

一、伤（病）患评估流程

当医疗急救人员接触到伤患者时，首先要对现场做全面评估。因对环境的安全评估直接关系到救援者与被救援者安全，所以开展全面评估过程时，必须先对救援医疗环境进行安全评估，然后才对伤（病）患做完整医疗评估，完成全面评估后，才能确定下一步的救援行动方向。对伤（病）患医疗评估的流程如下：

第一步骤：对现场环境安全整体评估和判断，符合安全要求则进入第二步骤，否则必须首先解决现场环境问题，确保符合作业安全要求；

第二步骤：对伤患者生命体征初步评估和判断，提出总体处置意见和方案措施，若没有生命迹象或生命体征则直接进入第四步骤的处置程序；

第三步骤：询问伤患者或病人基本情况，同时开展做二度全身细致评估，提出医疗急救处置意见和营救策略；

第四步骤：按照医疗处置流程开展医疗急救处置，以及参与或配合营救行动。

（一）环境评估

环境评估主要针对气温、气候、风、雨、地形、植物、动物等客观环境因素对伤员可能造成的显性与隐性影响，以及气温、失温、中暑、热痉挛对救援者或伤患的体力等其它各种环境间接或直接造成的影响因素，如蜂蜇、蚊虫、毒蛇、暴雨、滑坡等，对救援都会有一定的影响。

1. 危险因素评估

各种可能存在的危险性因子都要列入评估的范围，包括环境评估中的因素与救援者和伤员本身在行动中出现的行为都要列入评估。如夏天的树林与杂草丛内可能藏有毒蛇和马蜂，悬崖、山谷救援行动中的落石击伤或其它救援者所产生的危险行为。

环境评估五要素：天气、时间、环境、事件、潜在风险。

天气：气温高低，风力情况，可能出现的极端天气，对伤患和救援人员都会造成的影响，营救装备、人员、救治流程都会随之变化。

时间：早上或晚上，具体时间对人员和装备影响不同。

环境：不同环境的风险不同。

事件：事件类型决定介入营救程度，并且事件发生很可能是复合型叠加，有些情况无法单独或独立完成处理。

潜在风险：由于经验主义的因素，习惯用传统经验应对新型事件，存在判断失误风险。

2. 伤患者情况评估

伤患者受伤原因、求助需求，以及跌落状态下可能受伤的情况预估、受伤的严重程度。根据现场环境、迹象、痕迹、伤痕等影响的程度或对伤患者伤害结果情况，作为对危险程度评估与伤患评估的参考。

（二）对伤患者评估

对伤患者的初步评估主要以影响伤患生存最重要的呼吸为最优先，但必须还要重点评估伤患者的意识与头颈椎的伤害情况，对于意识不佳的伤患而言，首先检查生命体征，判断呼吸情况，然后判断头椎伤害情况，并注意头、椎、骨的损伤导致呼吸和内脏的二次伤害。

伤患者的意识判断主要分为四个等级：即A、V、P、U（清、声、痛、否）等四级。

（1）A（清醒）：眼睛能自然张开，能正常言语回答，能正常自主行动。

（2）V（对声音有反应）：伤患者的眼睛无法自然张开，需要有人以声音或动作轻推呼喊伤患者，伤患者才能以声音或动作响应。

（3）P（对痛有反应）：伤患者对声音或动作已无法响应，需要给予疼痛刺激，伤患者才能以声音或动作响应。

（4）U（完全无反应）：伤患者对声音和疼痛刺激已无法响应，此时意识已完全丧失。

二、医疗急救总流程

医疗急救是一项严谨、专业的综合性技术，是在救援中保障伤患者生命安全的重要技术措施，受救援性质和作业环境的限制和影响，绳索救援现场的医疗急救通常比较复杂和艰难，极易因操作不当或环境因素造成伤患者二次伤害。因此，必须严格按照医疗急救的处置程序开展急救处置，最大限度避免危险情况发生。具体程序步骤如图8-1、表8-1所示，此程序仅供参考，不作为唯一性依据。

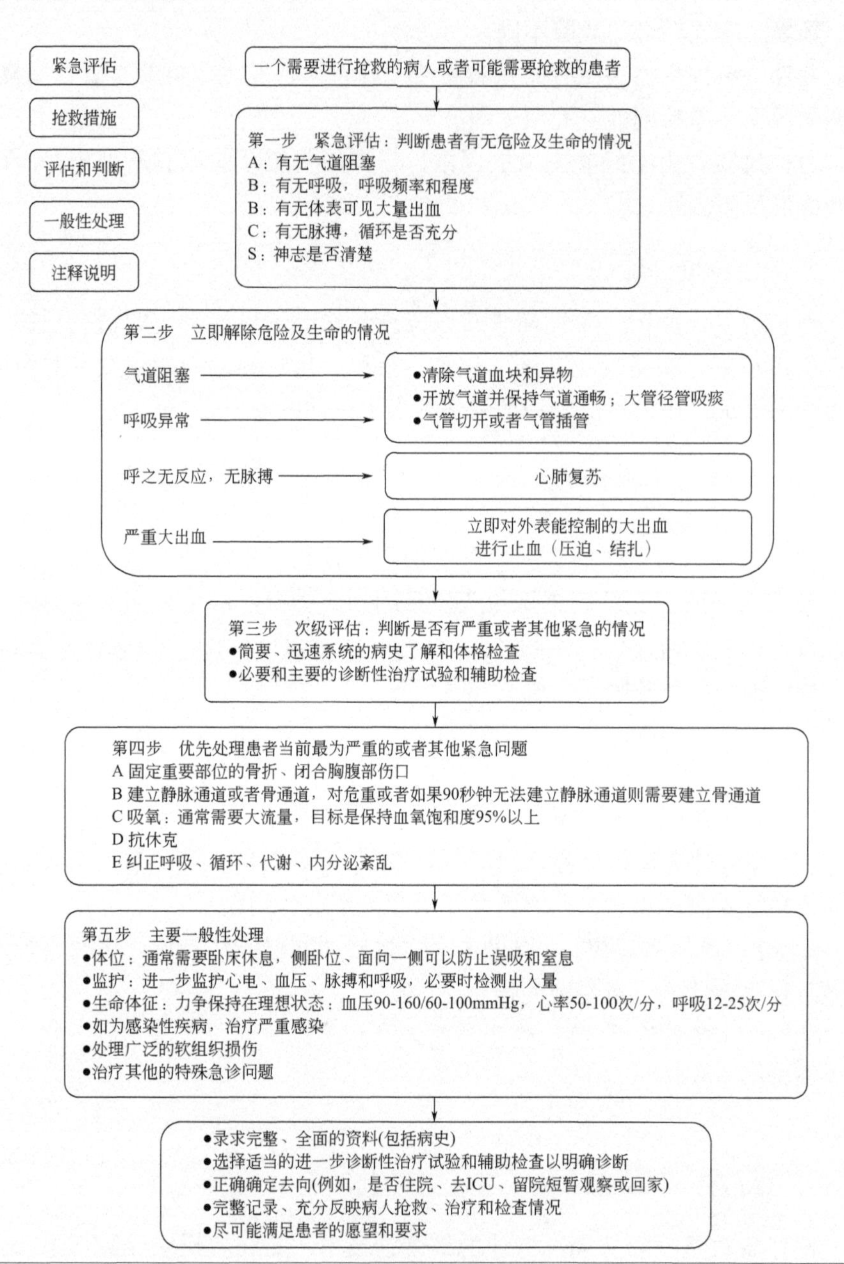

图8-1　医疗急救总体流程图

表8-1 绳索救援伤患者医疗急救登记卡

<table>
<tr><td>伤患姓名</td><td></td><td>特别情况</td><td>受伤部位</td><td>伤情类别</td></tr>
<tr><td>性别</td><td></td><td rowspan="3"></td><td rowspan="3">请“◯”出受伤的部位</td><td rowspan="3">危害 □
重伤 □
轻伤 □
死亡 □
请在相应□里打√</td></tr>
<tr><td>年龄</td><td></td></tr>
<tr><td>主要病因和/或伤情</td><td></td></tr>
<tr><td rowspan="2">生命体征</td><td>脉搏</td><td></td><td>呼吸</td><td></td></tr>
<tr><td>血压</td><td></td><td>意识</td><td></td></tr>
<tr><td>采取急救处理措施</td><td colspan="4"></td></tr>
<tr><td>急救处理单位</td><td colspan="4"></td></tr>
<tr><td>急救人姓名和电话</td><td colspan="2"></td><td>急救处理日期时间</td><td></td></tr>
</table>

三、医疗药品和器械配置

针对携带方便、快速、灵活的特点，对被困人员进行快速医疗救援，争取宝贵时间，将药品清单分为个人医疗清单和公共医疗清单，分开单独准备和携带。个人医疗清单是针对被困人员所使用的药品，公共医疗清单是针对团队成员所使用的药品。根据实际情况，在条件允许的情况下，可增加配置AED、BVM呼吸器和除颤仪。

如表8-2、表8-3所示，此表仅供参考，不具有唯一性。

表8-2 医疗急救药品与器械配置参考表

药品名称	数量	用途	保质（使用）期限	备注
医用酒精	1瓶	消毒伤口		
新洁而灭酊	1瓶	消毒伤口		
过氧化氢溶液	1瓶	清洗伤口		
0.9%的生理盐水	1瓶	清洗伤口		
2%碳酸氢钠	1瓶	处置酸灼伤		
2%醋酸或3%硼酸	1瓶	处置碱灼伤		
解毒药品	按实际需要	职业中毒处置	有效期内	
脱脂棉花、棉签	2包、5包	清洗伤口		
脱脂棉签	5包	清洗伤口		
中号胶布	2卷	粘贴绷带		
绷带	2卷	包扎伤口		
剪刀	1个	急救		
镊子	1个	急救		
医用手套、口罩	按实际需要	防止施救者被感染		
烫伤软膏	2支	消肿/烫伤		
保鲜纸	2包	包裹烧伤、烫伤部位		
创可贴	8个	止血护创		
伤湿止痛膏	2个	瘀伤、扭伤		
冰袋	1个	瘀伤、肌肉拉伤或关节扭伤		
止血带	2个	止血		
三角巾	2包	受伤的上肢、固定敷料或骨折处等		
高分子急救夹板	1个	骨折处理		
眼药膏	2支	处理眼睛	有效期内	
洗眼液	2支	处理眼睛	有效期内	
防暑降温药品	5盒	夏季防暑降温	有效期内	
体温计	2支	测体温		
急救、呼吸气囊	1个	人工呼吸		
雾化吸入器	1个	应急处置		
急救毯	1个	急救		
手电筒	2个	急救		
急救使用说明	1个			

表8-3　医疗急救药品配置参考表

序号	名称	数量	单位	用途
1	甲硝唑片	2	瓶	治疗肠道和肠外阿米巴病
2	小檗碱片	2	瓶	适用于肠道感染如肠胃炎
3	红霉素眼膏	2	支	红霉素眼膏一般用于治疗沙眼、结膜炎、眼睑缘炎以及眼外部感染等
4	氨酚伪麻美芬片	2	盒	用于治疗和减轻感冒引起的发热、头痛、周身四肢酸痛、鼻塞、咳嗽等症状
5	对乙酰氨基酚片	2	瓶	用于普通感冒或流行性感冒，引起的发热，也用于缓解轻至中度疼痛如头痛、关节痛、牙痛、肌肉痛
6	氯雷他定分散片	5	盒	用于缓解过敏性鼻炎的鼻部或非鼻部症状，如喷嚏、流涕及鼻痒、鼻塞以及眼部痒及烧灼感。亦适用于缓解慢性荨麻疹、瘙痒性皮肤病及其它过敏性皮肤病的症状及体征
7	硝酸甘油片	3	瓶	硝酸甘油片，为血管扩张药。用于冠心病心绞痛的治疗及预防，也可用于降低血压或治疗充血性心力衰竭
8	硝苯地平片	2	瓶	心绞痛、变异型心绞痛、不稳定型心绞痛、慢性稳定型心绞痛，高血压
9	氯化钠注射液	5	瓶	清理伤口
10	头孢拉定胶囊	5	盒	适用于敏感菌所致的急性咽炎、中耳炎，支气管炎等呼吸道感染，泌尿生殖道感染及皮肤软组织感染
11	阿莫西林胶囊	4	盒	适用于敏感细菌所致的呼吸道感染、泌尿道感染、消化道感染、皮肤和软组织感染等
12	速效救心丸	2	盒	行气活血，祛瘀止痛，增加冠脉血流量，缓解心绞痛的功效。用于气滞血瘀型冠心病，心绞痛
13	复方氨酚肾素片//科达琳	2	盒	用于缓解普通感冒及流行性感冒引起的发热、头痛、四肢酸痛、打喷嚏、流鼻涕、鼻塞、咽痛等症状，也可用于治疗过敏性鼻炎
14	氨麻美敏片（Ⅱ）//新康泰克片	2	盒	用于普通感冒或流行性感冒引起的发热、头痛、四肢酸痛、喷嚏、流涕、鼻塞、咳嗽、咽痛等症状
15	酚麻美敏片//泰诺	2	盒	可减轻普通感冒或流行性感冒引起的发热、头痛、四肢酸痛、打喷嚏、流鼻涕、鼻塞、咳嗽、咽痛等症状
16	维C银翘片	1	盒	疏风解表、清热解毒的作用。用于外感风热所致的流行性感冒，可缓解发热、头能、咳嗽、口干、咽喉疼痛等症状
17	氨咖黄敏胶囊//速校伤风	2	盒	适用于缓解普通感冒及流行性感冒引起的发热、头痛、四肢酸痛、打喷嚏、流鼻涕、鼻塞、咽痛等症状
18	复方氨酚烷胺片//感康	2	盒	用于感冒引起的头痛、发热、鼻塞、流涕、咽痛等

续表

序号	名称	数量	单位	用途
19	感冒灵颗粒	2	盒	解表散热，疏肝和胃。用于外感病，邪犯少阳证，症见寒热往来、胸胁苦满、食欲不振、心烦喜呕、口苦咽干
20	小柴胡颗粒	2	盒	用于缓解轻至中度疼痛如关节痛、肌肉痛、神经痛、头痛、偏头痛、牙痛、痛经，也用于普通感冒或流行性感冒引起的发热
21	布洛芬缓释胶囊//芬必得	1	盒	祛风解毒，消肿止痛，清咽利喉之功效。用于风热所致咽痛、咽干、咽喉红肿、牙龈肿痛、口腔溃疡等症
22	金喉健喷雾剂	1	瓶	用于肺胃热毒炽盛所致的咽喉肿痛，口腔糜烂，齿龈肿痛，鼻窦脓肿，皮肤溃烂等症
23	双料喉风散	2	瓶	用于暑湿感冒，症见发热头痛、腹痛腹泻、恶心呕吐、肠胃不适；亦可用于晕车、晕船
24	复方硫酸软骨素滴眼液//润洁	4	瓶	用于缓解眼疲劳、眼干燥
25	氯霉素滴眼液	2	瓶	用于治疗由大肠杆菌、流感嗜血杆菌、克雷伯菌属、金黄色葡萄球菌、溶血性链球菌和其它敏感菌所致眼部感染，如沙眼、结膜炎、角膜炎、眼睑缘炎等
26	氧氟沙星滴眼液	2	瓶	用于治疗敏感菌引起的细菌性结膜炎、细菌性角膜炎、角膜溃疡、泪囊炎、术后感染等外眼感染
27	多潘立酮片//吗丁啉	1	盒	用于治疗消化不良症、胃食管反流病等上消化道疾病，以及功能性、器质性、感染性、饮食性、放射性治疗或化疗所引起的恶心、呕吐
28	维U颠茄铝胶囊Ⅱ//斯达舒	1	盒	用于缓解胃酸过多引起的胃痛、胃灼热感（烧心）、反酸，也可用于慢性胃炎
29	保济丸	1	盒	用于暑湿感冒，症见发热头痛、腹痛腹泻、恶心呕吐、肠胃不适；亦可用于晕车、晕船
30	人丹	10	瓶	用于消化不良、恶心呕吐、晕车晕船、轻度中暑、酒醉饱滞等
31	加味藿香正气丸	2	盒	用于外感风寒，内伤湿滞，头痛昏重，胸膈痞闷，脘腹胀痛，呕吐泄泻
32	十滴水	2	盒	十滴水是祛暑和中的中成药，具有健胃、祛暑的功效
33	通络祛痛膏	2	盒	具有活血通络，散寒除湿，消肿止痛的功效
34	消痛贴膏//奇正	2	盒	活血化瘀，消肿止痛。用于急慢性扭挫伤、跌打瘀痛、骨质增生、风湿及类风湿疼痛。亦适用于落枕、肩周炎、腰肌劳损和陈旧性伤痛等
35	百愈冷冻外用喷雾剂	2	瓶	运动损失、关节胀痛、关节痛、扭伤和肌肉酸痛等
36	云南白药气雾剂	2	盒	具有活血散瘀，消肿止痛的功效。用于跌打损伤，瘀血肿痛，肌肉酸痛及风湿疼痛

续表

序号	名称	数量	单位	用途
37	正骨水	2	瓶	具有活血祛瘀，舒筋活络，消肿止痛之功效
38	活络油//狮马龙	2	瓶	祛风活络、消肿止痛
39	双氯芬酸二乙胺乳胶剂//扶他林	2	支	适应症为用于缓解肌肉、软组织和关节的轻至中度疼痛
40	和胃整肠丸	4	瓶	用于邪滞中焦所致的恶心、呕吐、纳差、胃痛、腹痛、胃胀、腹胀、泄泻
41	急支糖浆	2	瓶	具有清热化痰、宣肺止咳的作用。可用于外感风热所致的咳嗽
42	风油精	10	瓶	镇痛、清凉、止痒、祛风，用于蚊虫叮咬伤风感冒引起的头痛、晕车等引
43	湿润烧伤膏//美宝	2	支	清热解毒，止痛，生肌。用于各种烧、烫、灼伤
44	复方醋酸地塞米松乳膏//皮炎平	5	支	用于局限性瘙痒症、神经性皮炎、接触性皮炎、脂溢性皮炎以及慢性湿疹
45	复方倍氯米松樟脑乳膏//无极膏	2	支	适应症为具有消炎、镇痛、止痒、抗菌、局部麻醉作用。用于虫咬皮炎、丘疹性荨麻疹、湿疹、接触性皮炎、神经性皮炎、皮肤瘙痒
46	曲咪新乳膏//皮康霜	2	支	适用于皮肤湿疹、接触性皮炎、脂溢性皮炎、神经性皮炎、体癣、股癣、手足癣等皮肤病
47	京制牛黄解毒片	1	盒	具有清热解毒作用
48	金嗓子喉片	2	盒	适用于改善急性咽炎所致的咽喉肿痛，干燥灼热，声音嘶哑
49	葡萄糖粉	5	包	血糖过低、补充热量
50	口服补液盐Ⅲ	10	盒	预防和治疗腹泻引起的轻、中度脱水，并可用于补充钠、钾、氯
51	过氧化氢溶液//双氧水	5	瓶	适用于化脓性外耳道炎和中耳炎、文森口腔炎、齿龈脓漏、清洁伤口
52	赣草珊瑚牌碘伏消毒液	3	瓶	皮肤消毒、消毒清洗伤口等
53	安捷牌75%乙醇消毒液	2	瓶	适用于皮肤消毒，皮肤清洁灭菌消毒

第三节　医疗急救常用技术

绳索救援队医疗急救人员除了具备医疗急救资质外，还必须强化医疗急救技术培训、训练，确保熟练掌握技术操作步骤、方法和注意事项，提升综合急救处置能力水平。

一、医疗急救常用技术

（1）全面评估技术。包括评估方法、外伤处理、骨折稳固、急症处理，以及环境评估技术等；

（2）徒手固定术。包含各种徒手固定术、固定术间互换、上颈圈、长背板技术；

（3）搬运法。包括器具搬运、徒手搬运、搬运固定技术；

（4）止血、包扎和固定。各种止血法、包扎技术、骨折固定技术（涵盖开放性骨折止血）、伤口清洗及无菌技术；

（5）头部、胸部创伤处理。包括头、胸的各种创伤处理，以及胸部开放式伤口处理；

（6）呼吸道处理。包括抽吸、口咽呼吸道、鼻咽呼吸道使用；

（7）C、P、R。包括哈姆立克、CPR操作技术；

（8）环境急症处理。环境冷、热等各种急症处置；

（9）呼吸急症处理。包括保证呼吸道通畅、给氧技术、抽吸技术、呼吸急症处理。

二、外伤（创伤）处理

外伤是绳索救援中常见的伤害，通常会伴随着骨折与出血同时发生，创伤病患者基本上都会有骨骼肌肉方面的损伤（85%的创伤病患会有骨骼肌肉方面的损伤），病患者的外伤病情可能是轻微的挫伤，严重的也可能导致休克死亡。绳索救援队的医疗急救人员必须要具备能维持伤员生命征象稳定的能力，熟练掌握基本的止血、包扎、固定等医疗急救技术。非担负医疗急救职能的其它绳索救援队员，也应掌握心肺复苏、止血固定和包扎等简单的基础医疗急救技术。外伤处理主要包括以下几种类型：

（1）头颈部创伤处理；
（2）胸部创伤处理；
（3）腹部创伤处理；
（4）四肢软组织创伤处理；
（5）一般伤口处理。

三、骨折固定

通常一般性的创伤都会伴随骨折的状况，不管是封闭式骨折还是开放式骨折，在搬运移动伤患者时，锋利碎骨边缘都有可能对其周边的血管及软组织造成二次伤害，骨折固定是避免对伤患者造成二度伤害最重要处置措施。具体处置程序如下：

（1）评估患肢的知觉、活动及末端脉搏；
（2）正确选择适当的固定器材；
（3）将患肢固定于原来的姿势，但如第一项不正常即予牵引；
（4）必要时于骨突处加以护垫；
（5）固定范围须超过骨折近端与远端关节；
（6）再度评估患肢的知觉、活动及末端脉搏。

四、高原反应预防和处理

高原反应的原因是缺氧导致身体为适应缺氧状况而产生的生理性变化；其次是身体疲劳、劳累、感冒、发烧等情况下进入高原产生的恐惧心理、晕车、晕船或呼吸道感染未愈等因素导致的身体反应，主要分为三种情况。

1. 早期病症

早期高山病的症状是呼吸、脉搏增加或不规则，心跳和呼吸困难，疲劳，脱力感，不快感，头痛头晕眼花，脸色苍白，食欲不振，呕吐，睡意蒙眬等自律神经失调。急性高原反应的临床症为头痛、头晕、烦躁不安、失眠多梦、胸闷心慌、全身软弱无力、呕吐、口唇干燥、心跳加快等。严重高山病通常在抵达高处的8～24小时内发病。

2. 肺水肿

高山肺水肿大多数发病在进入高原环境的1～3天内，会感到极度疲乏无力，严重呼吸困难，持续性咳嗽，夜间加重且不能入睡，咳嗽粉红色泡痿沫，面色苍白或灰土色，皮肤湿冷，心跳加快。

3. 昏迷（脑水肿）

高原昏迷多表现为进行性剧烈头痛，呕吐频繁，表情淡漠，反应迟钝，视力障碍，嗜睡以致昏迷，大小便失禁，大多发生于进入高原环境后8～14小时内。

五、止血技术

止血与包扎技术是绳索救援中经常遇到的基础医疗急救处置技术，也是绳索救援医疗急救人员和绳索队员均要掌握的基础性处置技术，对于第一时间稳定伤患者的生命体征，确保生命安全和延续有着十分重要的作用。

（一）出血种类及判断

伤口大量出血若不及时止血，可危及伤患者生命。止血法是急救伤患者的一项重要措施，医疗和救援人员必须熟练掌握，以便在遇到出血伤患者时能及时而准确地进行自救和互救。

出血因受伤部位和损伤的血管不同，可分为动脉出血、静脉出血和毛细血管出血。准确判断出血种类是进行有效止血的第一步，其判断方法为：

(1) 动脉出血：颜色鲜红，呈喷射状，有搏动，出血速度快，量多。

(2) 静脉出血：颜色暗红，呈涌出状或徐徐外流，出血也多，速度不及动脉快。

(3) 毛细血管出血：颜色鲜红，从伤口向外渗出，出血点不易判明。判断伤患者出血种类和出血多少，在白天和明视条件比较容易，在夜间或视度不良的情况下就比较困难。因此，还必须掌握在视度不良的情况下判断伤员出血的方法。凡脉搏快而弱，呼吸浅促，意识不清，皮肤凉湿，衣服浸湿范围大，表示伤患者伤势严重或有较大出血。

（二）止血方法

1. 加压包扎止血法

静脉、毛细血管或小动脉出血时，先将敷料盖在伤口上，然后用三角巾或绷带用力包扎。

2. 指压止血法

较大的动脉出血，临时用手指或手掌压迫伤口近心端的动脉，将动脉压向深部的骨头上，阻断血液的流通，可达到临时止血目的。这是一种简便、有效的紧急止血法。

3. 人体主要动脉止血法

人体主要动脉止血法共11种，其中指压止血法有8种，掌压止血法、止血带止血法、加压止血法各1种，如图8-2所示为人体主要动脉分布。

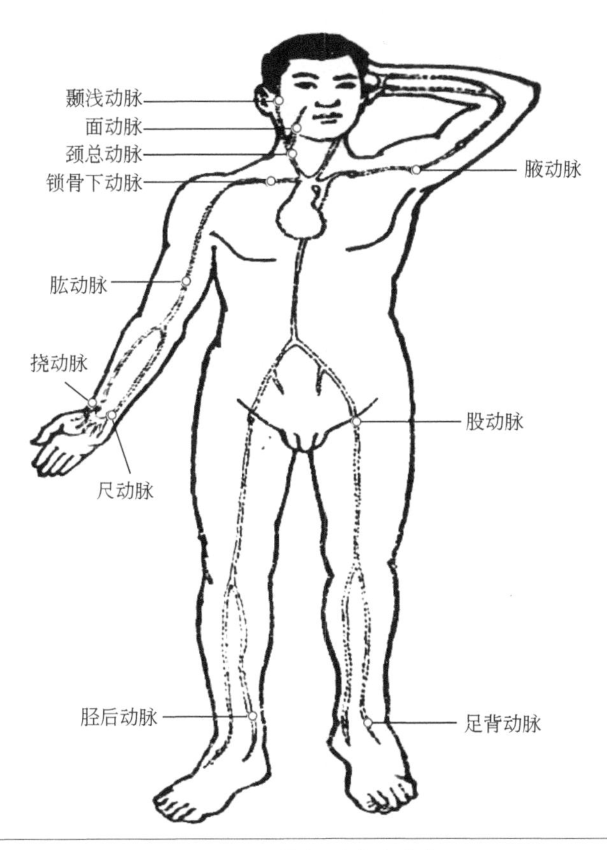

图8-2　人体主要动脉分布

4. 直接压迫止血法

（1）首先检查患者伤口是否有异物，有异物时利用夹子将异物取出；

（2）取一块干净的纱布作为敷料，将敷料放至受伤部位上，利用直接压迫法止血，将手法持续发力压迫于伤口上；

（3）当发现伤口仍然出血及渗透敷料时，再取干净纱布叠至于原纱布上，继续使用压迫止血方法进行止血，将伤患者转移至安全区域并交于医疗急救机构。

六、包扎技术

包扎伤口可以压迫止血、保护伤部、防止污染、固定敷料，有利于伤口尽早愈合。

（一）原则和要求

包扎伤口的材料由三角巾、绷带、四头带，并配有敷料组成，均经过消毒灭菌后密封，使用时要保持敷料盖伤面的清洁。

三角巾应用方便，容易掌握，包扎面积大，全体救援人员都要熟练掌握。包扎方法是将三角巾沿箭头指向处撕开，将敷料盖在伤口上，然后进行包扎。还可将三角巾折成条带、燕尾巾或双燕尾巾，在没有材料时，可用毛巾、被单、衣服等代替。包扎应做到动作要轻巧，伤口要全包，打结避伤口，包扎要牢靠，松紧要适宜。

（二）包扎基本程序（头帽式为例，如图8-3所示）

（1）检查和判断伤患者情况，简单处理伤口外部；

（2）三角巾沿箭头指向处撕开，打开三角巾，取下敷料，将小块敷料敷于伤患者伤口上，利用三角巾底边折叠约2～3cm宽，放于伤口上，将顶角拉至后脑处；

（3）将左右两低角沿两耳上方往后拉至后脑交叉处，并压紧顶角后绕至前额并打结；

（4）将顶角拉紧，同时向上反折后将顶角塞入两底角交叉处。

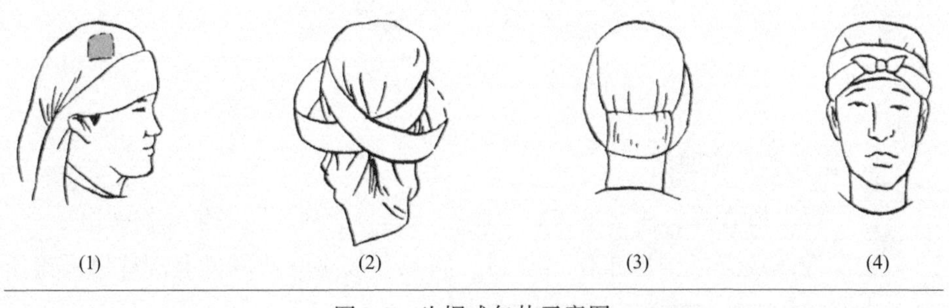

图8-3　头帽式包扎示意图

七、骨折临时性固定技术

骨骼在人体中起着支架与保护内脏器官的作用，骨骼周围伴随有血管、神经。骨折是一种常见的损伤，救援中对伤患者的骨折进行临时固定，可以防止骨折断端损伤血管、神经等重要器官，减轻伤员痛苦，更便于搬运伤患者。

（一）怎样判断骨折

（1）用手指轻轻按摸受伤部位时疼痛加剧，有时可以摸到骨折断端，搬运伤员时疼痛更加剧烈。

（2）受伤部位或伤肢变形。如伤肢比健肢短，明显弯曲，或手、脚转向异常方向。

（3）受伤部位明显肿胀，或伤肢不能活动。

（4）骨折断端有时可听到嘎吱、嘎吱的骨摩擦感，但不能为了判断有没有骨折而做这种试验，以免增加伤员的痛苦或导致骨折断端刺伤血管、神经。

（二）骨折固定方法（大臂夹板固定为例，如图8-4所示）

（1）将二块直夹板各自置放于上臂手心及掌骨间。

（2）于伤患者患肢手心存放棉絮，使伤者紧握掌侧直夹板一端，让肘关节稍向背屈，后将其进行固定。

（3）用三角巾将上臂悬架于胸口后，使三角巾将伤肢进行固定于膈肌。

图8-4　大臂骨折夹板固定示意图

八、心肺复苏技术

呼吸、心跳突然停止是非常严重的情况，常在触电、溺水、中毒、窒息等情况下发生。当伤患者突然昏迷，瞳孔散大，颈动脉没有搏动，心前区听不到心音，即是心跳停止的表现。若能得到及时正确的人工呼吸及心脏按压等抢救，常可挽救伤患者的生命。

（一）实施前准备工作

（1）环境评估。接触伤患者前，医疗人员应当对事故现场环境是否安全进行评估。

（2）意识判断。当确定现场环境安全后，拍打患者肩膀，且大声呼喊伤患者等，判断有无反应、意识等。

（3）实施求救。当发现伤患者无意识、无反应、无呼吸、或叹息样呼吸时，要进行大声呼救，并要求其它人员帮助拨打120急救电话，并置于免提模式。

（4）恢复体位。当无法判断伤患者有无反应、呼吸、意识时，应将伤患者恢复至心肺复苏体位。医疗人员应双膝跪地，位于伤患者右侧并靠近胸部位置。当伤患者体位处于不便进行心肺复苏时，应将伤患者恢复体位至便于心肺复苏操作的位置。

（二）心肺复苏方法（如图8-5所示）

（1）首先选择按压位置两乳头连线中间部位；

（2）将双手上下重叠，十指相扣，手掌根部处与按压位置接触；

（3）使手臂伸直与上体保持垂直一条线，肩膀位于手部正上方，使按压方向及按压部位垂直；

（4）对患者进行按压时，频率应为100～120次/min，按压深度应不少于5cm，但禁止超过6cm；

（5）对患者进行按压时，应使胸部充分回弹至按压前位置，同时双手禁止离开按压部位，并按压30次；

（6）按压完成后，利用仰头举颌法将患者打开气道，医疗人员将手捏住患者鼻孔进行口对口吹气，吹气时应将患者嘴巴全部罩住，且缓慢进行吹气，吹气过程中应观察患者胸部是否有起伏，吹气禁止过快或持续吹气；

（7）按照30：2的按压比例进行5组心肺复苏；

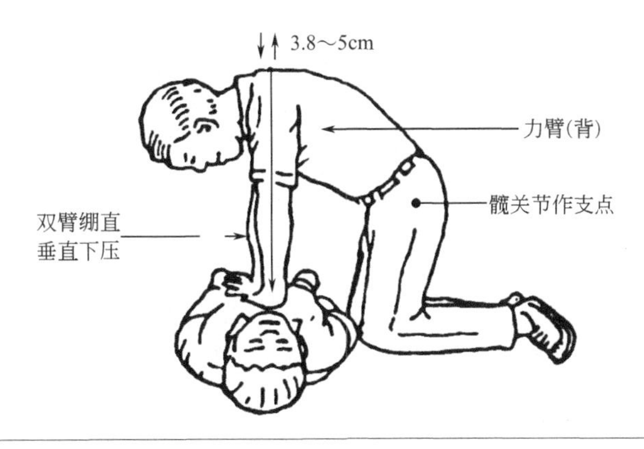

图8-5　心肺复苏操作示意图

（8）当患者恢复呼吸、心搏时，应将患者恢复成侧卧位，并时刻观察患者情况。

（三）注意事项，见表8-4内容

（1）进行心肺复苏应在心脏骤停后4min内进行，这是抢救的最佳时间；

（2）确定患者已完全无心跳，且在现场环境安全情况下，方可进行心肺复苏；

（3）按压部位应正确，按压过程中禁止中断，应注意观察患者面部颜色是否变化。

表8-4　心肺复苏操作基本要求表

项目	成年人	儿童	婴幼儿
伤病者身份认定	普通急救者：>8岁 HCP：青少年以上	普通急救者：1～8岁 HCP：1岁到青少年	<1岁
心肺复苏程序	C-A-B		
胸廓回弹	保证每次按压后胸廓回弹。HCP每2分钟交换1次按压操作		
按压中断	尽可能减少胸外按压的中断，尽可能将中断时间控制在10秒钟以内		
HCP:检查脉搏	颈动脉5～10秒钟		肱动脉或股动脉5～10秒钟
按压着力点	两乳头连线中点与胸骨体交界处		乳线中点下方
按压方法	双掌根	双掌或单掌根	两个手指按压或环抱

续表

项目	成年人	儿童	婴幼儿
按压深度	至少5cm	1/3胸径；儿童约5cm，婴幼儿约4cm	
按压频率	至少100次/分		
按压与通气比值	30：2	单人30：2，HCP双人15：2	
开放气道	压额提颏法，颈部创伤时HCP运用创伤推颌法		
每次呼吸	2次有效通气，每次1秒钟		
HCP在有可灌注心律时进行单纯通气	10～12次/分	12～20次/分	
注：高级气道置入后	8～10次/分		
气道异物梗阻	腹部冲击	背部击打和胸部推压	

注：HCP为健康从业者。

参考 REFEFENCE 文献

[1] 胡晔. 绳索救援技术基础[M]. 北京：中国建材工业出版社，2016.
[2] 中华人民共和国公安部. 消防用防坠落装备标准[S]. 北京：中国标准出版社，2004.
[3] 赵泽明. 消防救助基础教程 [M]. 北京：中国人民公安大学出版社，2003.
[4] 朱国营.绳索救援技术[M]. 广州：广东教育出版社，2018.

附录

绳索技术中英文对照表

英文名词	中文解释
Rope access technology	绳索技术
Double Rope Technique	双绳技术
Single Rope Technique	单绳技术
Pulley Hauling Technique	滑轮拖拉技术
Personal Protective Equipment，PPE	PPE个人防护装备
PPE Set-Up	PPE个人防护装备组装
Collective Protective Equipment，CPE	CPE集体防护装备
Rope Rescue Equipment	绳索救援装备
The Sudden Death Rule	突然死亡原则
Rope Access	绳索行进技术
Helmets	头盔
Ascenders/Jumar	上升器/手持上升器
Descenders	下降器
ASAP	游动止坠器
ASAP LOCK	带有锁定功能的游动止坠器
Energy absorbers	势能吸收包
Carabiner	主锁
Croll	胸式上升器
Basic	多用途抓绳（上升）器
Rescuender	装载凸轮的绳索机械抓结
Rope clamp	咬绳器
Rope adjustment devices	绳索调整设备

续表

英文名词	中文解释
Cows tails	牛尾绳
Chest Harness	胸位式吊带
Working Harnesses	工作安全吊带
Pulleys	滑轮
Back-up devices	后备装置
Foottape	脚踏带
Slings	扁带、扁带环
Short-link	短连接
Wires trop	钢索、钢缆
Basket stretcher	篮式担架
AZTEK	阿兹特克滑轮组
AZ Vortex	山地救援多功能组合脚架
Dynamic rope	动力绳
Low Stretch Kernmantle，LSK	LSK低弹性绳（静力绳）
Deviation	偏离点、节点
Knot	绳结
Double Figure-Eight，DF8	DF8双股八字结
FIGURE 8 ON A BIGHT	反穿八字结
Figure-Nine Loop	九字结
Bunny Knot	兔耳结
Alpine Butterfly，AB	AB阿尔卑斯蝴蝶结
BOWLINE	称人结
WATER KNOT	水结
DOUBLE FISHERMAN’S	双渔人结

续表

英文名词	中文解释
CLOVE	双套结
DOUBLE HALF	双半结
PRUSIK	普鲁士抓结
KLEINHEIST	克氏结
SCAFFOLD KNOT	桶结
Overhand Loop	单结
Square Knot	平结
Girth Hitch	鞍带结
Butterfly coil	蝴蝶式收绳法
Backpacker’s coil	背负式收绳法
Mountaineer coil	登山者式收绳法
Cavers coil	洞穴者收绳法
Melting point（oC）	熔点
Fall Factor	坠落系数
Fall Arrest	坠落掣停
Impact Force	坠落冲击
Shock Load	突然下坠负荷冲击
Clearance	清空距离
Minimum breaking load，MBL/MBS	最低破断负荷
Working Load Limit，WLL	工作负荷上限
Suspension Trauma	悬吊创伤
Pick-off Rescue	一对一救援
Snatch Rescue	挂接式拯救
Team rescues	团队救援
Rub point	摩擦点

续表

英文名词	中文解释
Primary Access	救援通道
Disentanglement	解救被困者
High angle rescue	高角度救援
Low angle rescue	低角度救援
Anchor System	锚点系统
Anchor Rigging	固定点架设
Anchor Point	固定点
Single-Point Anchor System	单点锚固系统
Picket Anchor System	打桩锚系统
Rub point	摩擦点
Bolt	膨胀螺栓
Hanger	挂片
Edge Protection	边角保护
Sheeting	护板
Rope protector	绳索保护垫、绳索保护套
Sharing System	分力系统
Balance System	均力系统
Loading	负荷承重
Safety check	安全检查
Lock of Descender	锁定下降器
Locking Direction	钩环锁定的方向
Mechanical Advantage System	机械倍力系统
Ideal Mechanical Advantage，IMA	IMA 理想机械效益
Real Mechanical Advantage，RMA	RMA 真实机械效益
Tension Method	张力计算法

续表

英文名词	中文解释
Compression mode	压缩模式
Follower mode	随走模式
Simple Hauling，Sm	Sm简单拖拉
Compound Hauling，Cm	Cm复合拖拉
Complex Hauling，Cx	Cx混合拖拉
Fully Releasable System	全解除系统
Semi Releasable System	半解除系统
Direct Hauling	直接拖拉
Indirect Hauling	间接拖拉
A-Block	防止绳索回跑装置
B-Block	重新定位+增益机制
Reset	重置
Haulng Systems	拖拽系统
TTRS	双受力系统的简称
Two tension rope system	双受力系统
DM/DB	主副绳系统的简称
Dedicaled Main（DM）	主绳系统
Dedicaled Belay（DB）	副绳系统
Working Line	工作绳
Belay Line	确保绳
High-Line	紧绷绳索
Work positioning	工作限位
Work restraint	限制工作范围
Clearance Distance	净空距离
Micro Descent	微距下降

续表

英文名词	中文解释
Micro Ascent	微距上升
Ascent to Descant Change Over	上升下降转换
Descend rescue	下降模式救援
Ascent Rescue	上升模式救援
Passing Deviations	通过偏离点
Rope-to-rope transfer	绳索转换
Re belay	通过中途固定点、中途保护点、中途锚点
Passing Mid-rope protection	通过绳索保护装置
Aid Climbing	辅助攀登技术
Horizontal aid climbing-fixed anchors	水平辅助攀登 - 固定锚点式
Horizontal aid climbing-moveable anchors	水平辅助攀登 - 移动锚点式
Climbing with fall arrest lanyards	使用止坠器装备攀爬
Edge obstruction at top	低固定点下降
Y-Hang	Y 型固定点
Basic anchor system	固定点基础架设
Small Y-hang	小跨度 Y 型固定点架设
Rigging Wide Y-Hang	大型 Y 型固定点架设
Pull-through rigging	可回收绳索架设
Retrievable rigging	可回收架设
OFFSET	偏移系统
Cross Hauling	交叉拖拽
V-Rig Rescue	V- 型拖拉拯救技术
T-Rig Rescue	T- 型拖拉拯救技术
Rigging for High-Line Tensioning	紧绷绳索系统架设
Rigging Horizontal Lifelines / Diagonal Tensioned Lines	架设水平生命线 / 倾斜保护线

续表

英文名词	中文解释
Rescue Passing Re-anchor with a Casualty	携带伤员通过中途确定点
Rescue Passing Deviation with a Casualty	携带伤员通过偏移点
Rescue Passing double anchor deviation	通过双偏离点营救被困者
Rescue Rope to Rope Transfer with a Casualty	携带伤员从一组绳索过渡到另一组绳索
Rescue passing knot with a casualty	携带伤员通过绳结
Rescue Snatch a Casualty from Aid Climb / or Lower Off	接挂式救援，辅助攀登状态/或下放
Rescue using diagonal tensioned rope system	使用倾斜紧绷升系统营救被困者
Rescue using horizontal tensioned rope system	使用水平紧绷绳系统营救被困者
Hang Hauling (with a Separate Rope)	悬挂拖拽（从另一根独立的绳索）
Leader	领队
Attendant	陪伴手
Rigger	系统手
Rock corner	岩角手
Victim	伤员